JN024791

スマート農業

国立研究開発法人 農業・食品産業技術総合研究機構 編著

成山堂書店

本書の内容の一部あるいは全部を無断で電子化を含む複写複製（コピー）及び他書への転載は，法律で認められた場合を除いて著作権者及び出版社の権利の侵害となります。成山堂書店は著作権者から上記に係る権利の管理について委託を受けていますので，その場合はあらかじめ成山堂書店（03-3357-5861）に許諾を求めてください。なお，代行業者等の第三者による電子データ化及び電子書籍化は，いかなる場合も認められません。

まえがき

「スマート農業」という言葉が耳にされるようになり10年ほどが経ちました。数多くの技術が研究開発から実際の農業に活用される社会実装の段階に進みつつあります。筆者自身の話になりますが、15年ほど前に農林水産省において、自動化技術を活用した「ロボファーム構想」の企画立案に従事していました。ちょうど耕うんロボットやロボット田植機のプロトタイプが開発され、構想の具体化が5年単位で進むことが期待された頃です。その後イチゴ収穫ロボットの実用化を図る研究プロジェクトに参画し、機能やコスト面でも実用に耐えうるものが開発されましたが普及と言える状況には至りませんでした。

一方で、この間に3枚以上の回転翼をもつマルチロータータイプのドローンが登場し、農業場面で上空から観測を行うリモートセンシングや病害虫防除に活用され始めました。このドローンの普及によりスマート農業の導入が加速している感があります。防除では作業時間を80％削減できるなど省力化技術として注目される一方で、今後は画像データの取得により作物の生育状況や、土壌の状態を効率的に把握できるようになりデータ駆動型農業を推進するツールになることが期待されています。

農林水産省では2021年5月に「みどりの食料システム戦略」を公表し、2050年の食料生産のあるべき姿として、農林水産業のCO_2ゼロエミッション化（脱炭素化）など高い目標を掲げ、生産性と持続性の両立を目指すこととしています。その実現のためにはスマート農業技術がツールとして不可欠です。専門書やＷｅｂでスマート農業に関する数多くの情報が入手できるところですが、本書は筆者が所属していた農業・食品産業技術総合研究機構（以下、農研機構）の情報を中心に、スマート農業に興味のある方の入門書として活用してもらいたいと思い執筆いたしました。

現在は農林水産省で、行政の立場から改めて日本の食料生産の基盤づくりとしてスマート農業の重要性を認識しています。その思いを生産者はじめ農業の未来を考えるすべての方と共有できれば幸いです。

２０２３年11月

執筆者　長崎　裕司

スマート農業　目次

目　次

目　次

スマート農業

1 スマート農業とは

1.1 日本の農業の現状と問題点

農業は、穀物や野菜などを育て私たちに必要な食料の供給をはじめ、農村の文化・伝統の継承、地域振興などの役割を持っています。長い年月を経て農業の形態は変化し、現代の農業は、高齢化による人手不足、離農などにより農業従事者の減少、自給率の低下など様々な問題を抱えています。

日本の農業生産は、第二次世界大戦後の食料難を経て、水稲を中心とした生産性・自給率向上の一環として機械化が進んできました。トラクタ、コンバイン、田植機が農業機械のいわゆる「三種の神器」とされ、20世紀中に基本的な仕様は完成に至っています。特に、欧米にはない田植機と刈取り、脱穀、選別まで行うことができる自脱型コンバインについては、それぞれ稲作に特化した苗の植付けと収穫を行う機械であり、「戦後日本のイノベーション100選」にも選出されています。1960年代後半にリリースされ、現状では日本の農家の約8割が田植機を所有し、コンバインも約6割で使われ、日本の

図 1-1　農業の三種の神器「トラクタ」「コンバイン」「田植機」

稲作に欠かせないものとなっています。これらの機械化により、稲作に要する10ａ（１ａ１００㎡×10＝１０００㎡）当たりの労働時間は１９６５年に２００時間あまりであったものが、半世紀で20時間（２０１５年）となり、10分の1になりました。

一方で、自給率の観点からみると、米の自給率が97％であるのに対し、小麦は16％、大豆は６％にとどまります。また、食生活の面では国民一人当たりの米の消費量は１９６２年の１１８・３kgをピークに２０２０年には50・7kgまで減少しました。小麦や大豆はほぼ変わっていません。したがって、主に稲作を行ってきた水田において、小麦や大豆を作ることが国から奨励されてきました。さらに10ａ当たりの労働時間は小麦で約5時間、大豆で約10時間であることから、省力性の面では、これまで生産していた農作物とは違う種類の農作物を生産する転作が進むはずですが、実態として稲作中心の状況は大きく変わっていません。これは、日本においては、春先や梅雨時の比較的降雨が多い時期に、小麦は収穫、大豆は種子を播く（播種《はしゅ》）作業を行わなくてはならないからです。小麦は収穫前の穂上の種子が発芽してしまったり、カビが生えてしまったりして収穫量が減ったり、品質が低下したりしやすく、大豆は播いた種子の出芽・苗立ちが低下するだけではなく、播種そのものを適切な時期に行えないことがあります。したがって、収益が安定せず儲けが少ないことが転作の進まない要因となっています。

さらに、農業従事者の減少は高齢化による離農や、新規就農者の伸び悩みにより進行しています。2020年には過去5年間で42万人減少して152万人、平均年齢は67・8歳で高齢化の傾向にあり、新規就農者は5・5万人の水準にとどまっています。今後担い手として活躍が期待される49歳以下の農業従事者も5年間で8・5万人減少している実態があります。

日本の農業生産で自給率の向上を目指すにあたっては、生産基盤が脆弱で、産業として十分な収益を上げられない経営体を減らす必要があり、その解決策として期待されるのがＩＣＴ（情報通信技術）を活かしたロボット技術などを活用して効率的な生産を実現する「スマート農業」です。スマート農業は、導入にコストをかけても儲けを得られる技術開発が求められる段階です。日本の農政は、2019年からスマート農業実証事業を推進するなど、スマート農業技術を身近で見ることができる環境が増えてきたものの、まだまだ手軽に利用できるという段階には至っていません。

2018年、首相官邸に設けられた未来投資会議において「2025年までに農業の担い手のほぼ全てがデータを活用した農業を実践」というスマート農業関係の政府目標が掲げられました。達成させるには、農業生産に関係する各種データの使い勝手をさらに良くする工夫が必要です。データ活用は難しいと思われていることの敷居をいかに低くするかが問題ですが、その解決策のひとつが携帯端末の普及と活用にあるとみています。スマートフォンの普及は飛躍的に進み、さまざまなアプリを使うことで無意識にデータの活用が行われています。農業場面でも、園芸用ハウス内の温湿度環境のモニタリングなどで使われ始めました。農業従事者が栽培管理の判断に活用していくためには、処理結果をグラフやマッ

表 1-1　スマート農業略年表

•2013年 農林水産省「スマート農業実現に向けた研究会」
•2014年 内閣府 SIP「次世代農林水産業創造技術（～ 2018 年）」研究開始
•2017年 農林水産省「農業機械の自動走行に関する安全性確保ガイドライン」公表
•2018年 内閣府 SIP「スマートバイオ産業・農業基盤技術」研究開始
•2019年 農林水産省「スマート農業実証プロジェクト」事業開始
•2020年 政府目標「ほ場間での移動を含む遠隔監視下での無人走行の実現」
•2020年 農林水産省「農業分野における AI・データに関する契約ガイドライン」公表
•2021年 農林水産省「みどりの食料システム戦略」公表
•2025年 政府目標「農業の担い手のほぼ全てがデータを活用した農業を実践」
•2030年 スマート農業関連国内市場規模 1,000 億円超に（富士経済 2019 年）

※ SIP Cross-ministerial Strategic Innovation Promotion Program、「戦略的イノベーション創造プログラム」の略称

図 1-2　無人で自動運転が可能なロボットトラクタ（前）

出典：https://e-nenpi.com/article/detail/295541

プで表示させたり、植物の生育を予測し、栽培管理のための最適な時期を示す「栽培暦」などと連携させてアドバイス情報として出力させたり、最終的には月次、年次報告として情報をまとめたりする機能を直感的に使えるようにしていくことも重要です。

また、スマート農業関連機器の導入コストは慣行に比べて総じて高いとされています。ロボットトラクタは同じ出力のトラクタに比べて30％ほど高価であり、導入による労力削減効果と相殺しても割高感は解消されていません。農業従事者自身がスマート農業技術を導入し栽培管理の最適化を行うことで収量や品質の向上を図り、栽培面積を増やして収入増につなげることに加えて、関連機器メーカーが更なる低廉化を図ることが重要です。

世界の人口は、２０５０年には86億人に至るとされ（図１－４）、２０１０年の66億人に比べて１・３倍となります。食料需要量は２０５０年には58・17億ｔに達すると見込まれ（図１－４）、２０１０年の34・３億ｔに比べて１・７倍になる見通しが農林水産省から出されています。一方で農業従事者は、世界的にも２０１０年から２０５０年の間に約20％が減少すると見込まれています。また、温暖化の進行などにより農地面積の拡大は期待できず、作物の生育に必要な土壌の劣化や水資源確保の問題があることから、限られた資源を有効活用して生産性を上げる必要があり、それを実現するための手段としてもスマート農業が注目されています。

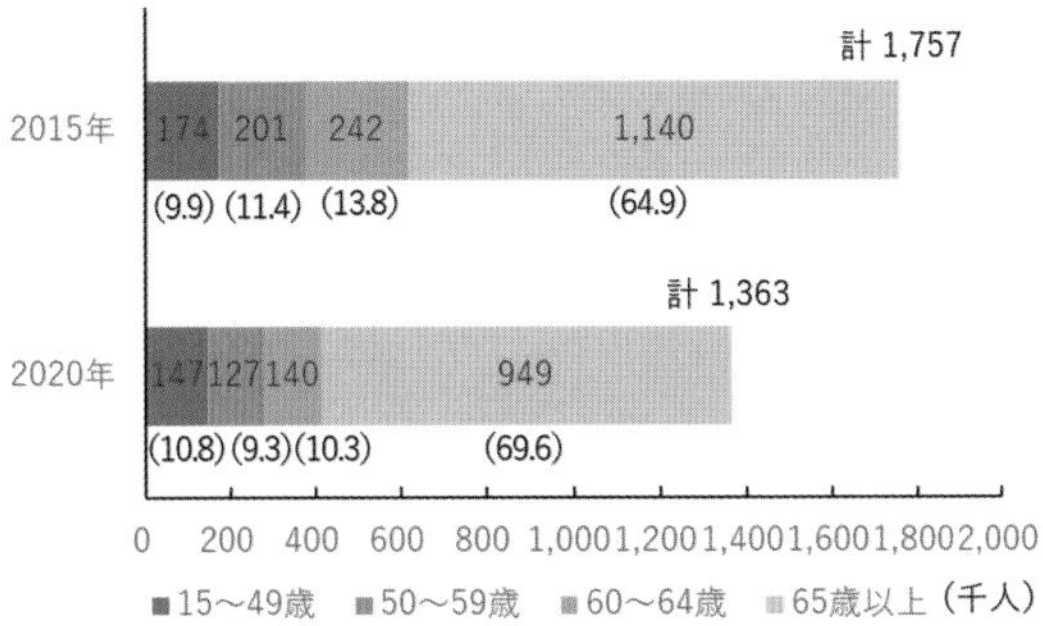

図 1-3　年齢別基幹的農業従事者数（個人経営体）の構成（全国）

注:(　) 内の数値は､基幹的農業従事者に占める割合 (%)

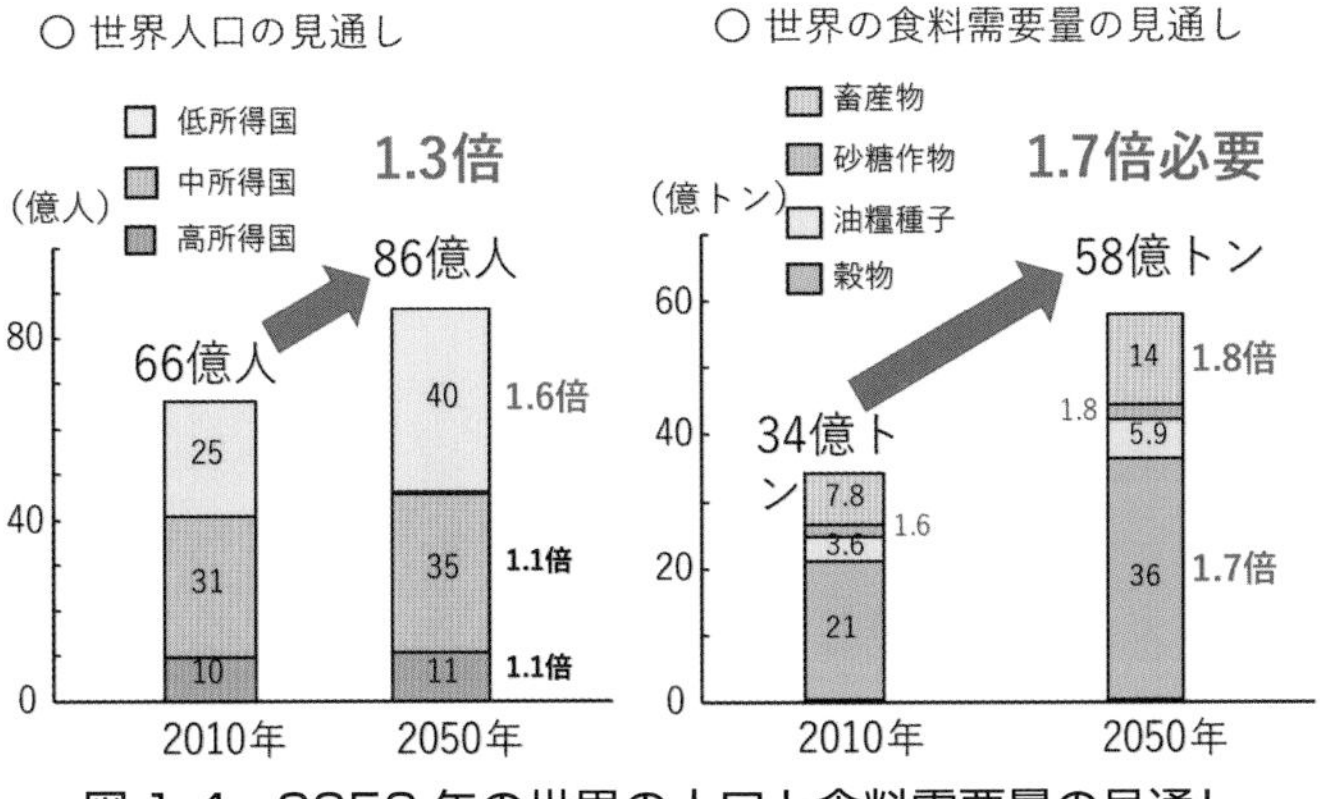

図 1-4　2050 年の世界の人口と食料需要量の見通し

出典：2050 年における世界の食料需給見通し（農林水産省）を引用し改変

コラム①　スマート農業とスマート〇〇

スマート農業以外にも「スマート」がつく言葉が数多くあります。一般に「賢い」ということを示す言葉として使われており、スマートフォンがその代表格ですが、もう少し広い概念的に使用されている言葉について解説します（林業や水産業関係はコラム②の農林水産業のスマート化で詳しく説明）。

たとえば「スマートシティ」は、トヨタ自動車が2020年1月に公表した「ウーブン・シティ（Woven City）」構想が有名です。静岡県裾野市にあった工場跡地を活用し、将来的には2000人規模の街づくりを行うプロジェクトで、あらゆるモノやサービスがつながるコネクティッド・シティを目指しています。

1969年から本格造成を開始し、筑波大学や国の研究機関の移転を1980年までに完了させ、1985年には科学万博が開催された筑波研究学園都市は国の事業として実施されましたが、スマートシティの先駆けはこのような「計画都市」にあるともいえます。海外では、アメリカのワシントンD．C．をはじめ、ブラジルのブラジリアやオーストラリアのキャンベラなど首都機能に特化した計画都市が建設された例がありますが、現在は国家プロジェクトで新たな都市を作る取組みが新興国を中心に多く計画されています。一方で先進国では、老朽化したインフラを改善する一環として、ICTやエネルギーマネジメントシステムの導入を図ることでスマート化を図る取組みが一部民間主導で行われるケースがあります。世界的には都市人口が増える傾向に変わりはなく、都市住民の高齢化はより顕著になってくることから、高齢者にも使いやすいインフラ、移動手段などのスマート化が必要になります。

エネルギーマネジメントの関係では、「スマートグリッド」という言葉があります。次世代送電網とも呼ばれ、通信とネットワーク技術と蓄電技術の進化による分散管理によって電力供給の強靭化を図る取組みとして行われています。再生可能エネルギーの普及が進み、従来の火力、水力、原子力発電による大規模系統以外の電気が流通するようになり、送電コストの削減や地域内での電力融通の最適化を図るためにもスマートグリッドの取組みが必要とされています。電気を使う側では、通信機能を持った電力量計であるスマートメーターの導入が進んでいますが、これは単純に毎月の検針業務の簡素化につながるだけではなく、ピーク時の電力消費量を抑えることにも活用できる仕組みを構築することができます。

家の中に入ると、「スマートホーム」に関係するさまざまな機器に囲まれていることに気づきます。住宅内の室温や照明、セキュリティのほか、エンターティメントに関する機能もスマートフォンなどを利用して一元的に操作できるものです。最も広く使用されているものはスマートスピーカーですが、ＩｏＴ（Internet of Things）に対応したスマート家電が増えてきており、これらをつなぐハブとしての機能も有しているものが主流となっています。あらゆる家電がネットワークにつながるようになることから、セキュリティを確保して、誤作動の防止や個人情報の保護にも留意する必要があります。

農業以外の産業では、工場のスマート化である「スマートファクトリー」があります。高精度センサで得られたデータをもとに、製造ラインの異常検知などをリアルタイムで把握できます。迅速な保守が行えるだけではなく、協調ロボットとの連動で安全な作業を遂行できるなどの特長があります。拡張現実（ＡＲ）を使用して異常の発生した装置の遠隔地からの保守指導なども可能になりつつあります。製造装置としては、今後は顧客のニーズに合わせてカスタマイズされた製品の製造を行える３Ｄプリンターの利用が拡大していくものとみられます。

農業や工業で作られたモノが消費者に届くまでは、消費地への輸送や保管、最終的に消費者の手元に届けられる配送までを物流が担っています。物流自体が事業として行われている場合は、商流とも呼ばれますが、この一連の流れの改善・効率化を図ることを「スマート物流」としてさまざまな取組みがなされています。

まずは、流通における受注や発注のほか、出荷から納品、最終的に請求書を発行して支払いまでの電子化については、徐々にリアルタイムかつ低コストでデータのやりとりが行えるようになってきており、ここにもスマートフォンの普及が貢献しています。一方で、ネットショッピングの拡大などにより物流にかかる負荷は増大しており、保管倉庫からのピッキングに搬送ロボットが活用されたり、最終的な配送でドローンの活用が模索されたり、さらなるスマート化の取組みが求められている領域になっています。

環境保全・持続型農業の観点から

農業は、植物の光合成と水や窒素・炭素などの物質循環を利用して生産を行っています。化学肥料・農薬等によって環境に与える影響の軽減、環境保全機能の向上を図る環境保全・持続型農業の展開が重要になってきています。欧米諸国が熱帯・亜熱帯地域を植民地化し、豊富な資金で大規模農業として展開した地域では化学肥料に依存していることも多くあります。植物が生育するためには、窒素、リン酸、カリの肥料の3要素が不可欠です。それを効率的に供給するという観点から化学肥料が発明され、特に空気中の窒素と水素から肥料の原料となるアンモニアを合成する「ハーバー・ボッシュ法」による窒素の大量合成が有名です。これら化学肥料の発明と技術の革新は、第一次世界大戦後の人口増加にともなう食料増産の動きに対応し、その後の高収量品種の導入と合わせて1940年代以降のいわゆる「緑の革命」を支えるものとなりました。「緑の革命」とは、1940年代から60年代にかけて、トウモロコシ、小麦や稲の品種改良により発展途上国の農業生産性が向上し、穀物の収量が飛躍的に増加した一連の改革をさします。

これらに化学農薬も加えて、近代農業は世界中で展開されましたが、その限界を2018年の国連で採択された「小農の権利宣言」の中で垣間見ることができます。生物多様性の保全とその持続可能な利用が権利として示されており、それをイノベーション（技術革新）で対応することにも触れています。世界は、経済効率一辺倒の農業開発から、環境保全・持続型農業の考えにシフトしているともみられます。身近でも環境に留意した農業が注目され、減農薬栽培で生産された野菜などが多くあります。病虫害を防ぐための手間はかかりますが、早期発見と最小限の防除に使える支援ツールも登場しています。ともすれば、スマート農業は大規模農業向けととらえられることが多いですが、スマートフォンのアプ

図 1-5　世界の多くの高収量品種の親となった「農林 10 号」

1935 年に育成された小麦品種で、世界の多くの短稈品種の親となった「農林 10 号」

出典：農研機構（作物研究部門）　農研機構 Web 作物見本園

りとして使える支援ツールのようなものもあることから、小農におけるイノベーションを実現するために有効に活用してもらいたいものです。

日本が提唱するSociety5.0と海外への展開

日本におけるイノベーションの考え方としては、2016年に策定された「第5期科学技術基本計画」で日本が目指す未来社会像として提唱された「Society5.0」を知る必要があります。「誰一人取り残さない」として提唱されたSDGsの実現に向けて、人工知能（AI）の役割を示しながら構想されたものです。狩猟社会を1・0とした場合に、2・0が農耕社会、3・0が工業社会、4・0が情報社会と続き、5・0は「サイバー空間（仮想空間）とフィジカル空間（現実空間）を高度に融合させたシステムにより、経済発展と社会的課題の解決を両立する、人間中心の社会（超スマート社会）」とされています。超スマート社会の中での農業・食品産業では、スマートフードチェーン（SFC）の構築が必要です。

SFCは、新たな品種開発や生産資材等の調達から、スマート農業による生産の展開、さらには合理的な加工・流通を経て、安全・安心な食料を消費者に供給する流れで説明されることが多いですが、近年は物流DX（デジタルトランスフォーメーション）という言葉に代表されるように、在庫や運行管理のデジタル化が進みつつあり、SFCの川下側に当たる農産物の流通・消費に関するデータの取り扱いに注目が集まっています。これらの流れに乗ったデータを自動的に収集して連携させる仕組み（農業データ連携基盤）と、AIによる解析を高度に組み合わせることで農産物のほか、生産そのものに付加価値

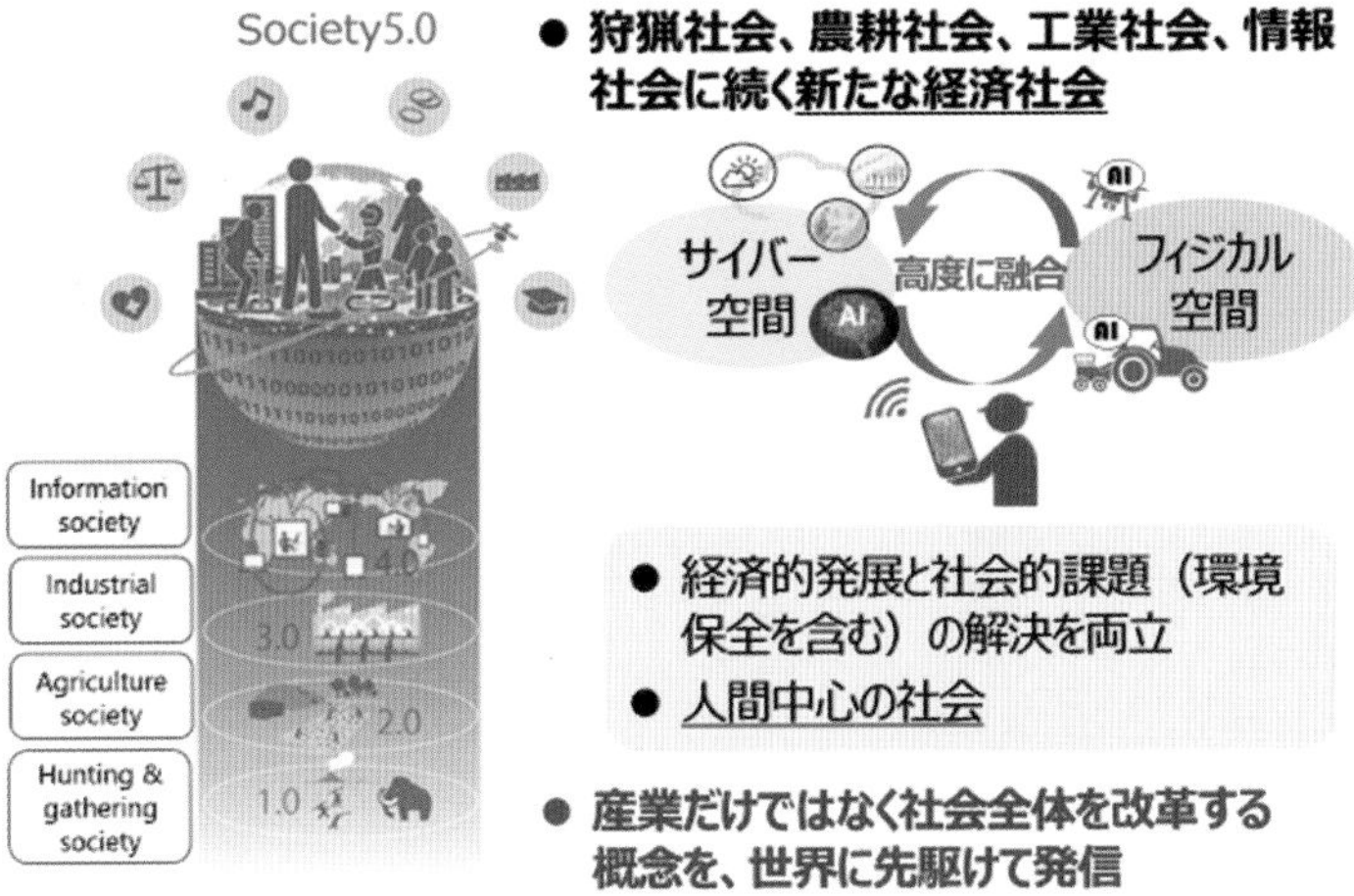

図 1-6　日本発の Society5.0 の概念について

出典：内閣府作成の資料を加筆修正

をつけることが重要とされています。食品関係では品質・表示の信頼性を確保するトレーサビリティ（追跡可能性）という形で運用されています。

日本でトレーサビリティが注目されたのは、2001年に牛のBSE（牛海綿状脳症、狂牛病とも呼ばれる）の発生が初めて報告され、牛肉の消費が大きく減少したときです。国内のすべての牛に個体識別のための「耳標」を装着し、精肉として店頭に並ぶまで個体識別番号の形で管理する体制が構築された頃にさかのぼります。国産牛肉については生年月日、性別、種別、飼養地や管理者などの情報を記録することが法的な義務として位置づけられ、使用した飼料や動物用医薬品の情報も付け加えて公表される、生産情報公表JAS規格も整備されています。ちなみにJASは「日本農林規格」のことであり、農林水産品の品質や仕様を一定の範囲でそろえるための基準として定着していますが、これに加えて事業者や産地の差別化にJASを活用する取組みや、世界共通の規格として標準化を

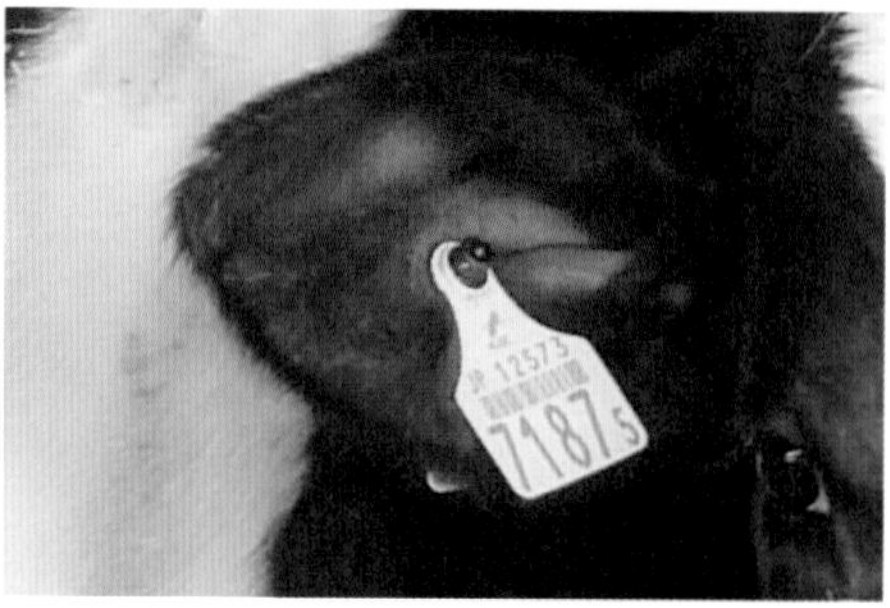

図 1-7　牛の耳標

出典：農研機構（畜産研究部門）

図る動きに発展してきています。その際に、品質やその試験方法の他、各生産・流通段階におけるデータを取得して、規格に基づいた管理が適切に行われていることを確認しなくてはなりません。この効率化にインターネットを介したセンサなどのＩｏＴ（Internet of Things）の活用が広がってくると思われます。

　ところで、発展途上国を中心とする海外展開を考える場合、農業支援ではＪＩＣＡ（国際協力機構）の果たす役割が大きいところですが、近年の取組みとしては農業・農村のＤＸ化を進める活動が行われています。前述した「緑の革命」はヨーロッパの農業革命で得られた成果・考え方を広く展開したものであり、機械化を中心とした変革を経て、現在はＩｏＴを中心とした変革を目指した段階に入っています。具体的な進め方としては、かつての先進国の優れた技術を発展途上国に適用するという単純なモデルだけでは成り立たなくなってきており、現地において多様なステークホルダーをデータの取得や利用を中心にして巻き込んだ共創・連携モデルの構築が重要とされています。

　すなわち、Society5.0 の観点に基づくスマート農業は、先進国だけではなく発展途上国まで隅々に展開させることにより、世界的な将来の食料の安定生産や、脱炭素化の動きに対応する切り札になり得るともいえます。

1.2　精密農業からスマート農業への展開

精密農業とは

精密農業とは、農地や農作物の状態を観察し、その結果から次年度の計画を立て精密に管理する農法です。欧米において１９９０年代から広まった考え方で、２０００年頃から日本の研究者の間で広く使われるようになりました。精密農業がなぜ求められるのでしょうか。日本の食料自給率は、２０１９年度に38%でした。世界を見ると第1位のカナダは２００%を超えています。次いでオーストラリア、アメリカ、フランスでは１００%を超え、国土面積が日本と同程度のドイツでも80%を超えていますので、日本は、かなり低いといえます。品目別でみると日本人が昔から食べてきた米、野菜の自給率は高いのですが、畜産物は、国内で生産していても家畜に与える飼料を輸入に頼っているため、飼料の自給率を考慮すると低くなります。牛の餌として与える牧草などの粗飼料《そしりょう》は国産が80%近くを占めていますが、穀類・油粕類・糠類など、繊維が少なく可消化栄養分の多い濃厚飼料の原料となるトウモロコシなどは国産が10%程度にとどまります。また、日本の農業は、農地の減少、離農が進み生産力の低下が予想されていることから、限られた農地を使い少人数で農作物を高効率で生産するためにも精密農業が求められます。

精密農業は、施肥や防除を精密に行う作業が注目されますが、その作業の実施場所やその量を適切にする根拠となるマップを準備することが重要です。マップの元となるデータの取得・解析には、直接土壌の肥沃度を計測する技術のほか、収穫しながら収穫物の量を計測できる収量コンバイン、人工衛星や空撮

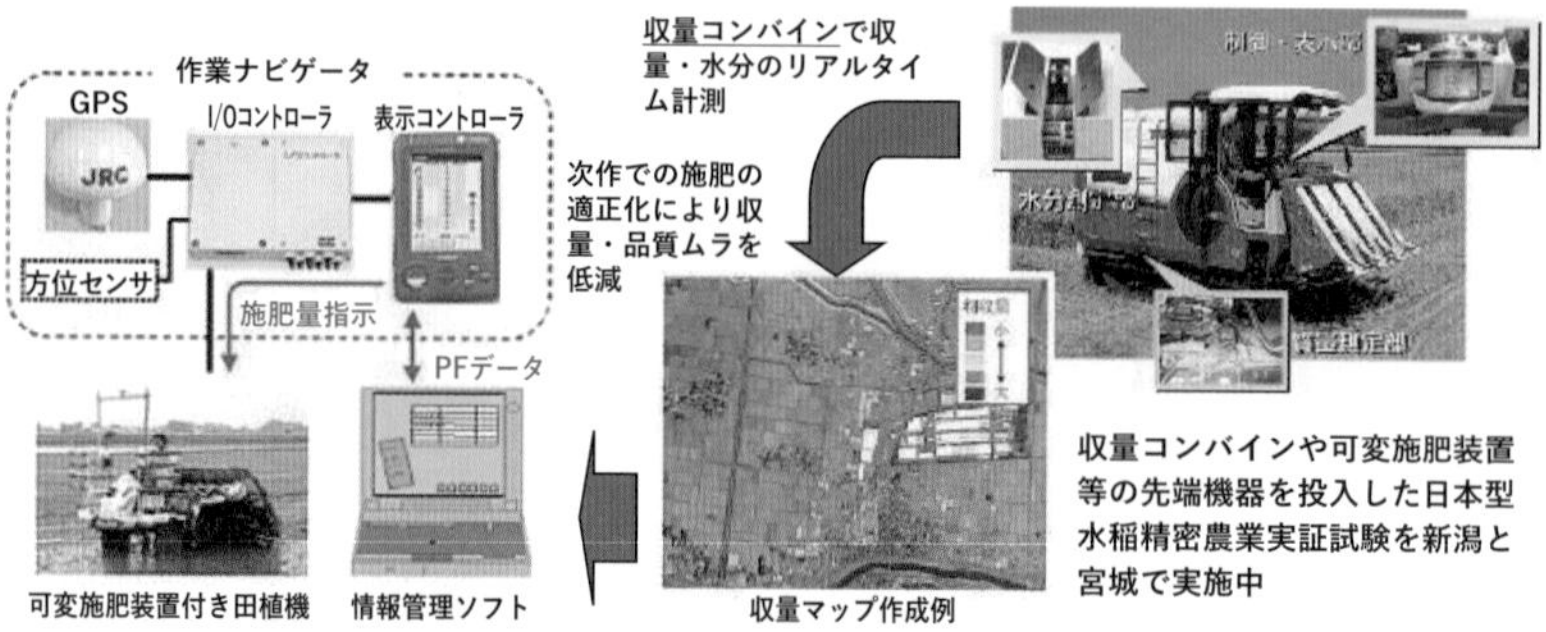

図 1-8　日本型精密農業の展開例（2005 年頃）

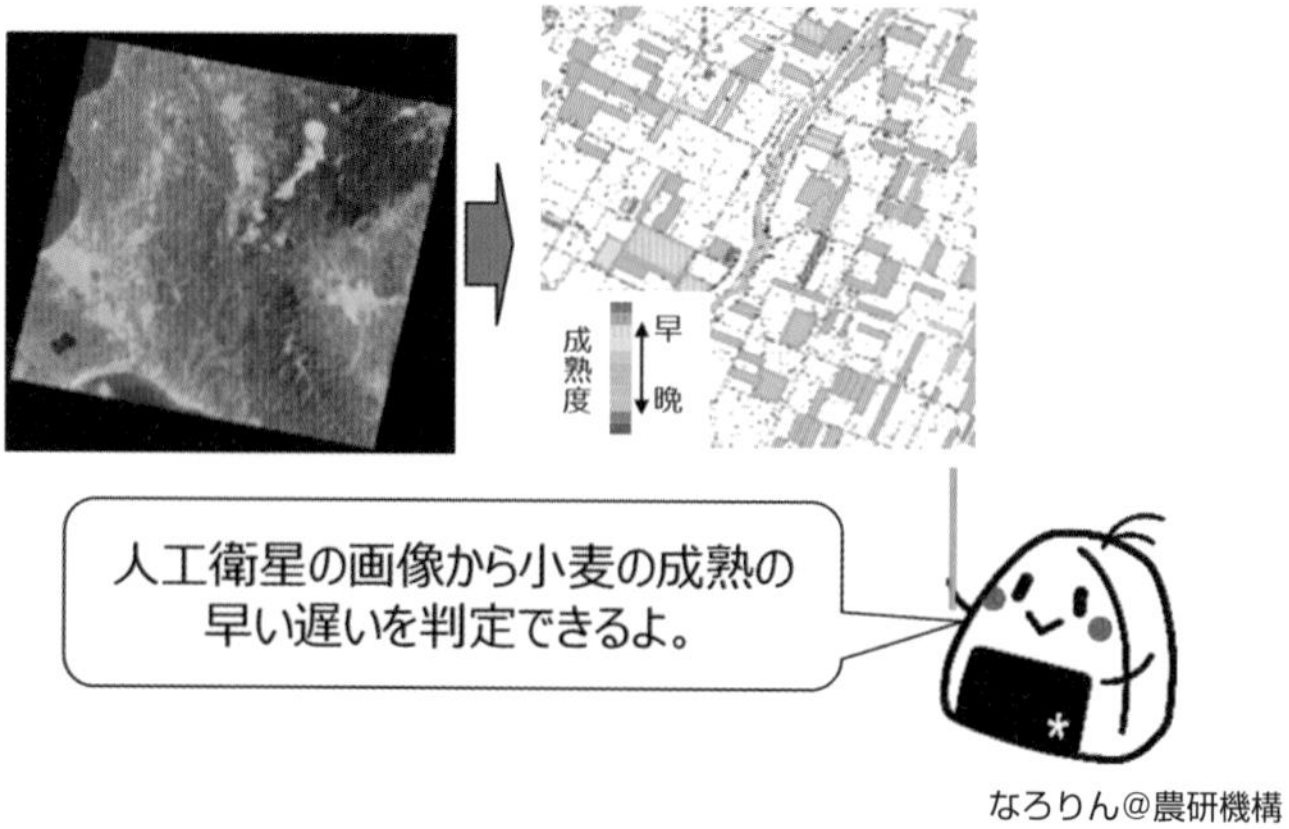

図 1-9　農業におけるリモートセンシングの適用例

による画像情報を使うリモートセンシング技術が使われます。近年は、リモートセンシングにドローンが導入され、農作物の生育情報を自動で収集することができます。その情報をマップ化することで病害の広がりの判定や施肥量の分析が容易になる他、ドローンは農薬の散布などにも活用できます。農業場面にICT、IoT、AIを取り入れることで、肥料や農薬の使用量削減につながる精密農業の実施が容易になったともいえます。

海外での取組み

① オランダ

オランダは国土の面積が日本の九州ほどですが、世界第2位の農産物輸出国です。その基盤を支えるのがフードバレーと呼ばれる農業・食品産業の集積地の形成と、イノベーション創出を図るワーヘニンゲン大学・研究センター（WUR）のような研究機関との連携にあります。WURは農業・食品関係の研究において世界ランキング1位とされ、日本の農研機構からも連絡研究員（リエゾンサイエンティスト）を派遣して連携を図っています。オランダは狭い国土を利用して高い生産性を達成しており、たとえば、ビニールハウスなどの施設のなかで栽培する施設園芸の主要品目であるトマトでは日本の環境制御設備が整った施設においても10a当たり20tに満たない収量水準であるのに対し、100t水準に至っています。これは施設構造の規格化や環境制御の高度化を進めた結果であり、その効率性に関する考え方から、作物や農業生産環境から得られるデータをもとに知識集約型の営農システムを構築するだけではなく、持続可能な農業生産を確立しようという動きに発展しつつあります。

ともすれば、エネルギーを多く投入しての効率的生産をイメージしがちですが、たとえば軒の高さが4mを超える「フェンロー型」と呼ばれる温室構造は、天窓を開けて暑くなりすぎた空気を効率的に換気することができ、容積を大きく確保できるため温室内の温湿度環境が急激に変動しないという特長があります。台風などの気象災害が少ないので軒高を高くできるということがありますが、環境制御の考え方も取り入れた上で合理的な施設設計がなされているといえます。

その一方で、最近、「生産性を極めたオランダ農業がお荷物になる」とのショッキングな記事を目に

図 1-10　オランダのトマト生産の様子
「オランダ農業とつながる」水城悠 Web サイト
出典：https://www.ymizuki.com/entry/dutch-tomato-farm-1st-visit

しました。これは、窒素負荷の削減を義務づける窒素法の施行と畜産業の観点で論じられています。牛がげっぷとして排出するメタン（NH^{4}）は温室効果が高いガス（二酸化炭素の約25倍）とされており、家畜ふん尿から排出される一酸化二窒素（$N^{2}O$、二酸化炭素の約３００倍の温室効果）も含めて、削減については注目されています。

オランダの酪農は生産額で２０１８年には17・４％を占め、世界第2位とされる農産物輸出（第1位は米国）の中でも乳製品は重要な位置を占めています。実は、農業用サービスロボットで最も販売台数が多いのが搾乳ロボットであり約85％を占めています（２０１８年に世界で約５４００台）。その大手であるレリー社はオランダにあり、１９９０年初頭から製品販売を開始しています。日本で多い牛舎につないだままで飼育する形態だけではなく、放牧にも対応した形にしています。これまでも、狭い国土での放牧であることから環境保全に留意しつつ効率的な酪農が行われてきましたが、近年環境規制により飼養頭数削減などが進められる一方で、家畜のストレスや苦痛を減らし、快適性に配慮する「アニマルウェルフェア」の観点からも年間１２０日以上、１日６時間以上の放牧にプレミアを付けるなどの取組みがなされており、今まで以上に環境に配慮した持続的な酪農の展開が図られるとみられます。

② イスラエル

イスラエルは国土の面積が日本の四国ほどで、全土の降水量が少なく、肥沃度の小さい砂漠土壌に覆われています。安全保障の観点から食料自給率は90％以上、各種農業技術の輸出国でもあります。長年、日本の野菜や果樹栽培で利用されている点滴かんがいシステムの点滴チューブは、イスラエルのネタフィム社製のものが多く用いられています。点滴チューブは作物が必要な水や養分をピンポイントで与えることができます。ドリッパーとよばれる吐出口から出てくる水の量のばらつきが小さく、また目詰まりがしにくい特長があります。近年では、精密かんがいとして作物に必要な水の量などを事前に把握して供給することや、有機液肥などへの対応も進めています。このように、イスラエル農業は厳しい自然・社会条件を背景に民間ベースで開拓されてきたといえます。

イスラエルの農業関係の技術開発を担う民間企業のうち、アグリテック部門のベンチャー（スタートアップ）企業は、250社を超えるとされており、日本の企業も含めて国外から多くの投資を得て先端技術の開発を行っています。アグリテック（AgriTech）とは、農業（Agriculture）と技術（Technology）を組み合わせた造語で、IT技術を導入した革新的な農業のことです。スマート農業と同様の意味合いで使われます。画像センシングなどにより作物の状態を把握し、土壌や気象データと組合せ、AIを活用した解析も行い、適切な作物管理を行うためのソリューションを提供するものが代表的です。その他、

図 1-11　マルチロータータイプのドローン

図 1-12　点滴チューブによるかん水施肥

出典：平成 18 年度農政課題解決研修「果樹の樹体内水分生理特性に基づくマルチ点滴灌水施肥装置利用技術」テキスト

ドローンによる果実収穫サービスを既に行っているアグリテック企業もあり、今後の展開が期待されます。

　たとえば、作物の生育状態や病害虫の検知について、乾燥地域で施肥かん水を行う自走式のセンターピボット（衛星写真で畑に緑の円形農場が見られるのはこの機械を使用しているため）やドローンのほか、畑の中に設置した画像センサで情報を取得し、ＡＩ画像解析を行い、専用アプリを通して農家にアラートを出す仕組みが構築されています。生育に必要なカリウムやマグネシウムの欠乏による症状は、初期段階では人の目で検知できませんが、それをいち早く検知できるとして、アメリカの大規模経営などに導入されています。

　なお、日本においても定置型の画像センサを組み込んだ「フィールドサーバ」（田畑に設置可能な情報収集装置）が２００４年頃から利用されており、先進的な取組みの典型とされています。温湿度や日射センサも組み込まれ、画像をはじめとしたデータを通信機能により遠隔地でモニタリングできます。

③ タイ

タイは、2017年時点で農家の90％以上が何らかの農業機械を所有するに至っています。しかし、必ずしも生産性の向上につながっていないことから、精密農業の導入を進めようとしています。大規模に行われるサトウキビ生産においては、人工衛星画像の他にドローン空撮画像も利用して生育状況の監視を行う取組みを開始していますが、小規模農家には導入が困難な状況です。一方で、ドイツのスマート農業技術の向上と農村開発を目的としたプロジェクトを受け入れて、次世代の農業生産者を増やすため、トレーニングプログラム「Smart Farmer Project」を進めており、タイの農家の3分の1にあたる1240万人が登録しているとされています。

なお、タイには日本の農業機械関係の企業が30年以上も前から進出しています。現地生産も含めて日本製農機のシェアは高く、今後の成長が期待できる国のひとつです。また、農業関係のスタートアップ企業も存在しています。タイなどのASEAN地域の農家向けにスマートフォンなどで利用できる営農支援サービスを展開しているリッスンフィールド社では、気象や土壌などのデータ閲覧、農家同士の情報交換のためのチャットツールなど、農業経営に関わる幅広いサービスを提供しています。

アジアモンスーン地域においては、世界の米生産の90％が行われているとされます。農地土壌からの温室効果ガス（GHG）排出のうち、温室効果の高いメタンについては、11％が水田由来とされています。雨季と乾季がある地域において、乾季の稲作において節水技術として「Alternate Wetting and Drying（AWD）」と呼ばれる間断かんがい技術の適用が進み始めています。間断かんがい技術とは、水張りと水抜きをこまめに行う方法で、収量を低下させずに節水管理が行えるほか、メタンの排出量も抑制できることが確認されています。水田センサを導入するなどして、この水管理のスマート化も行われるようになってきました。国際農林水産業研究センター（ＪＩＲＣＡＳ）は、メコンデルタの水田にＧＨＧ排出量を減らす間断かんがい技術の導入を試み、かんがいの水量と温室効果ガス排出を削減し、水稲の収量も増加できることを明らかにしています。

日本におけるスマート農業の展開

精密農業とスマート農業は、アジアではほぼ同じ意味合いで使われていることも多く、この数年の動きとしては、先端技術を利用した持続可能な農業生産システムがスマート農業であると認識されてきています。

日本では、農業従事者が２０２０年に１５２万人となり、5年間で42万人も減っています。若手の就農に対する各種の支援制度が実施されていますが、それだけでは担い手不足解消には至っていないのが現状です。２０１３年に農林水産省がロボット技術やＩＣＴを活用して超省力・高品質生産を実現する新たな農業として「スマート農業」を位置づけ、「スマート農業の実現に向けた研究会」を立ち上げました。２０１４年3月に公表された中間とりまとめにおいて、新たな農業の姿として、以下の5点の方向性が示されました。

①　超省力・大規模生産を実現

②　作物の能力を最大限に発揮

③　きつい作業、危険な作業から解放

④　誰もが取り組みやすい農業を実現

⑤　消費者・実需者に安心と信頼を提供

このほか、2018年までの中期的に検討していく課題などが整理されました。それを受けて、2014~2018年には内閣府の戦略的イノベーション創造プログラム（SIP）の中で、スマート農業関係の要素技術開発が取り組まれました。水田の農作業を対象として、ロボットトラクタ、自動運転田植機、ロボットコンバインの他、自動水管理システムなどが開発され、千葉県横芝光町のパイロットファームでの実証結果から試算したデータでは、ロボット農機の導入前に比べて作付け延べ面積を約3割拡大でき、労働者1人当たりの利益は約5割向上するとされています。その後、2019年からは「スマート農業実証プロジェクト」が全国69か所で開始され、2020年には148か所まで拡大させて水稲作以外にも畑作、野菜・果樹・茶、さらには畜産など幅広く取り組まれ、より身近にスマート農業を体感できる場が増えました。

ともすれば、省力化が注目されるスマート農業ですが、SIPにおいては生産者が活用しやすくするための農業データ連携基盤の構築研究も行われました。収量コンバインが取得した収穫情報によって、肥料の散布量を変えることができる「可変施肥システム」や、温湿度や日射の情報を例えば1km四方の格子単位で表示する「メッシュ農業気象データ」の構築などです。さらに、そのデータに基づく米を中心とした栽培管理支援情報の他、農業現場に関係する様々なデータを集約・統合して提供するサービスなどが開発されました。

スマート農業を展開する上では、ICT、IoT、AIを使って環境データや生育データなどを観察し、目標通りに育っているか確認しなければなりません。作業計画に活かすためには、PDCA-Plan（計画）→Do（実行）→Check（評価）→Action（改善）サイクルを回すことが必要です。まずは施肥基準に基づき施肥量を決定して（計画）、均一に肥料を散布します（実行）。収量コンバインで収穫しながら位置情報とそこでの収穫量のデータを収量マップに落とし込むことで、ほ場（農作物を栽培するための場所、農地）の場所別での収量の多い少ないが分かります（評価）。その要因を過去の事例などから、肥料が少なかったと判断した場合（改善）、次の年の作付けでは収量の低かった場所に肥料を多く散布する施肥マップを作成します（計画の修正）。スマート農機を使うのであれば、どこにどれだけの肥料を撒くのかマップを作成し田植機と連動させることで田植機がマップ通りの調整を行い最適な量の肥料を撒いてくれます。（実行）。現地実証における具体的な取組みと得られた効果については、第3章において詳しく解説します。

課題としては、データを取得するシステムのマッシュアップ（混ぜ合わせ利用）と低コスト化の他、取得したデータのＡＩ解析およびコンピュータを操作する上での環境、使いやすさの向上があり、全国的な気象や土壌、農地情報などの基盤的な情報の整備と合わせて、民間ベースでユーザーインターフェイス（ＵＩ）の優れたシステム、すなわち操作環境の優れたシステムの登場が期待されます。

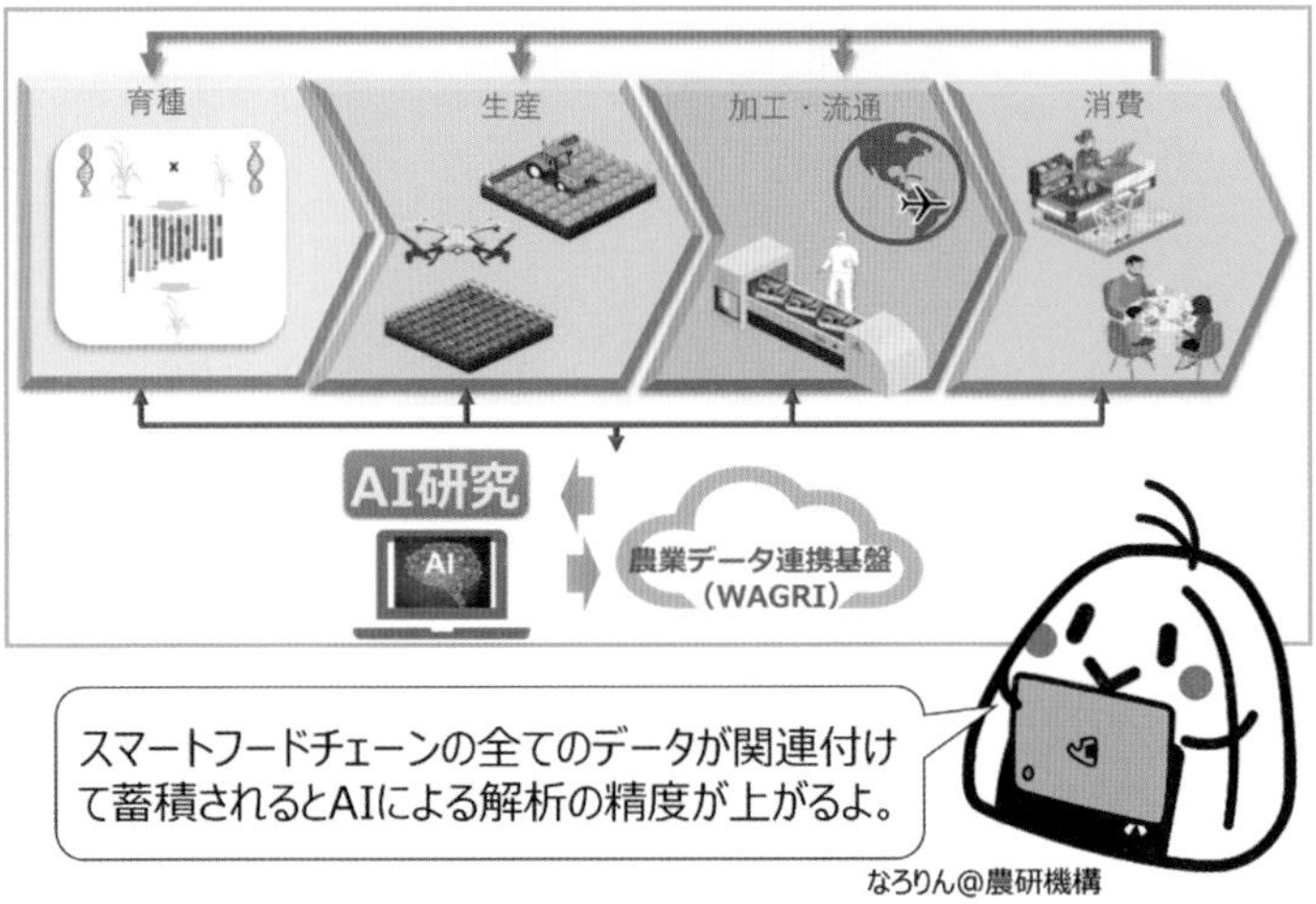

図 1-13　SFC と農業データ連携基盤、AI の連携

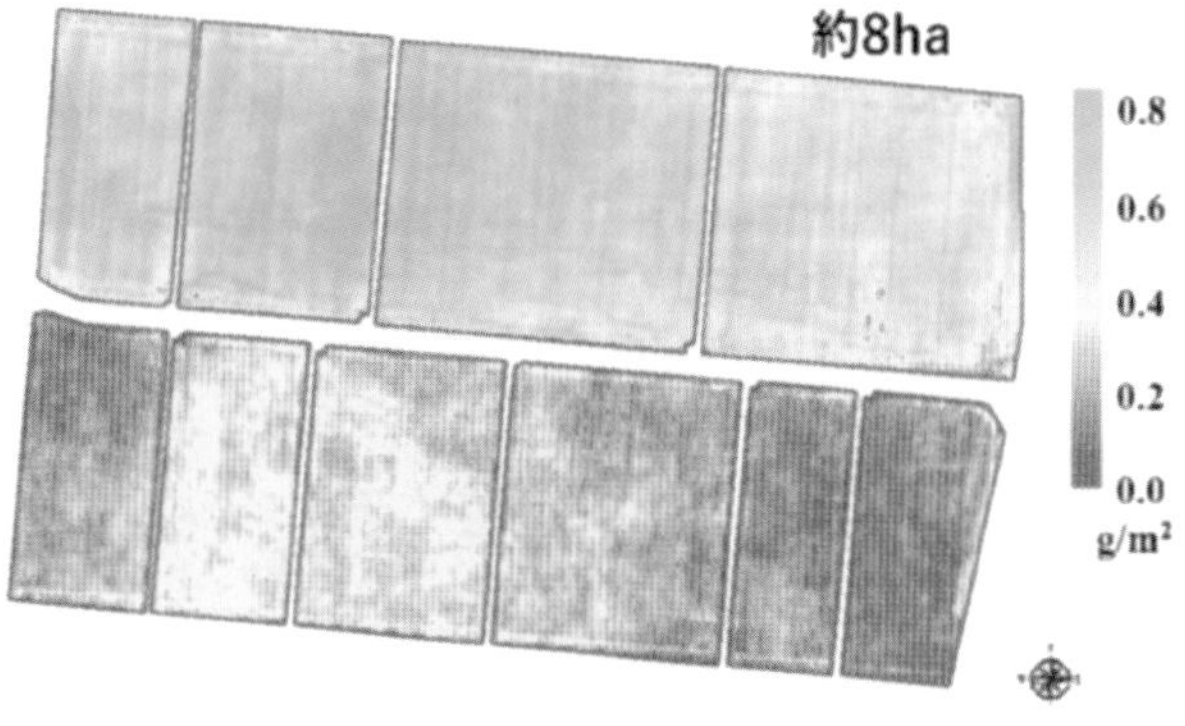

図 1-14　施肥マップの例

コラム②　農林水産業のスマート化

農林水産業関係では、スマート農業以外にもスマート林業、スマート水産業の取組みが行われています。

林業では、100年単位の人工林の営みの中で、伐倒や運搬などの収穫作業を中心に機械化が進んできました。日本の林業は農業以上に急峻な山地における作業を強いられますが、立木の伐倒、林道までの搬出、トラックの荷台に積むための枝払いと玉切り（所定の長さで切り丸太にすること）を一連の作業プロセスとしてとらえ、林野庁の事業等で高性能林業機械の開発・普及が進んできました。2019年には約1万台の高性能林業機械が国内で稼働しており、10年前の約4000台に比べて2・4倍となっています。主な機械としては、伐倒を行うハーベスタ、枝払いから玉切りを行った上で丸太を1か所に集めるプロセッサ、丸太を荷台に積んで運搬するフォワーダなどがあります。

スマート林業の全体像は、2021年3月にまとめられた「スマート林業実践マニュアル準備編」に示されていますが、スマート林業の定義として「デジタル管理・ICTによる林業、安全で高効率な自動化機械による林業」とされています。高性能林業機械にICTの機能を付与して作業の効率化を図るなどの取組みのほか、地理空間情報を活用して資源量の把握から需給マッチングまで図る取組みまで含んでいます。また、林業は従事者が少なく4・4万人と農業の約3・2％（農業は136・3万人、2020年時点比較）ですが、日本の国土面積の27％である1020万haを占める人工林の維持管理と生産を担っています。従事者は少ないですが、若年層の割合は増加傾向にあり、人材の確保と合わせて育成が重要です。各地域にあ

コラム図1　高性能林業機械。左からハーベスタ、プロセッサ、フォワーダ

出典：https://www.rinya.maff.go.jp/j/kaihatu/kikai/kikai.html

る森林組合のコア技術者の一部は、ドローンによる森林測量などの技術を習得し、スマート林業の担い手として活躍し始めています。

　スマート水産業は、「ＩＣＴを活用して漁業活動や漁場環境の情報を収集し適切な資源評価・管理を促進するとともに、生産活動の省力化や操業の効率化、漁獲物の高付加価値化により、生産性を向上させる」とされています。日本の水産業は第二次世界大戦以降、沿岸から沖合、遠洋へと漁場を拡大して漁獲量を増やしてきましたが、１９７７年から２００海里水域制限を各国が導入して他国からの漁業を制限し始めたことから、遠洋漁業の割合は現状１割ほどとなりました。養殖も含む生産量としては最盛期であった１９８４年の１２８２万ｔから２０１８年は４４２万ｔと約３分の１になっています。漁業就業者は13・6万人（２０２０年）で、農業や林業と同様に労働力不足が顕著です。このようななかで、ＩＣＴ・ＡＩ等の技術を漁業・養殖業の現場に導入・普及を進め、水産業の成長産業化を図る手段がスマート水産業と位置づけられています。

　資源評価・管理のため、２０２０年からスマート水産業データ連携基盤を稼働させ、オホーツク海と東シナ海の２か所の生産現場におけるデータ収集を開始しています。水温の変化で獲れる魚種が変わることが知られていますが、ＩＣＴブイで取得した海水の水温・流向・流速データなどの漁場環境データをもとに漁場予測や不漁要因等を解析する取組みが行われています。

　養殖業においては、世界的に海産物の需要が増大している一方で、かつての環境に負荷を与えるような養殖は困難な状況が広がってきており、スマート化が必要とされています。そのなかで、日本では遠隔自動給餌システムなどＩＣＴ機器の導入が始まっています。また、生簀《いけす》内の養殖魚の体長と個体数を高い精度で自動的に計測する画像解析処理システムの開発も行われています。魚の数と餌の量の最適化を図ることで給餌の効率化が図られるだけではなく、余分な餌が海底に溜まるなどして環境汚染の原因にならない管理をスマートに行えるようになることが期待されます。

1.3　スマート農業と脱炭素

　スマート農業は単なる省力化や生産性向上だけではなく、食料の安定生産や農機電動化による温室効果ガス排出削減などへの貢献も通して、幅広い対応が求められています。前述したオランダでは施設園芸において作物の光合成能力の最大化を図るため、炭酸ガス（CO^2）の積極的な活用が図られており、生産性向上技術を脱炭素などと整合させる取組みとして期待されています。

スマート農業とＳＤＧｓ〜脱炭素

　スマート農業は、生産性と持続性の両立を実現する有効な手段です。その実現は持続可能な開発目標

（ＳＤＧｓ）の達成にも貢献することが期待されています。ＳＤＧｓは、２０１５年9月の国連サミットで採択された「持続可能な開発のための２０３０アジェンダ」に記載された２０１６年から２０３０年までの国際目標であり、発展途上国のみならず、先進国も含めて全世界的な取組みです。期限まで10年を切り、欧米をはじめ日本も様々な政策手段でその達成に向けて動き始めています。

17ある開発目標のうち、２０３０年までに飢餓ゼロという開発目標2については、２０２０年に世界人口の約十分の一に相当する８・11億人が栄養不足の状態にあったとの推計が出された（国連食糧農業機関（ＦＡＯ）、２０２１）ように、目標達成に向けて厳しい状況にあります。これは、新型コロナウイルス感染症（COVID-19）の世界的な拡大が状況を悪化させたばかりではなく、食料生産基盤が発展途上国を中心に脆弱であることに加えて、気候変動の影響も深刻であることが指摘されています。２０３０年には世界人口が85億人に達する見込みであり、農地面積の拡大が期待できない状況では、生産性の飛躍的向上が不可欠です。しかしながら、アフリカ諸国の慢性的な食料・農業予算の不足など、世界的な食料安全保障の観点で予断を許さない状況が続いています。

先進諸国の動きとしては、２０２０年5月に欧州委員会が持続可能な食料システムの包括的なアプローチとして「Farm to Fork 戦略」を定めて、目標年をＳＤＧｓと同じく２０３０年としています。化学農薬の使用や残留リスクの半減、有機農業の面積を25％にまで拡大する取組みを明記しています。一方で、米国においては２０２０年2月に、米国農務省（ＵＳＤＡ）が農業生産量40％増と環境フットプリント50％減を２０５０年までの同時達成目標に掲げた「農業イノベーションアジェンダ」を定めています。環境フットプリントとは、広義では人間活動が地球環境に与える影響を定量的に評価するための手法と指標ですが、ここでは農業生産に関係する環境負荷の指標にあたります。Farm to Fork 戦略に対しては、ＵＳＤＡが農業生産量の減少や世界的な食料価格の上昇につながることを指摘しており、同戦略が目指す「より健康的で持続可能な」食品システムの世界的な展開に懸念が示されています。

日本においては、食料・農林水産業の生産力向上と持続性の両立をイノベーションで実現する「みどりの食料システム戦略」が２０２１年5月に農林水産省で策定されました。これは、２０５０年に農林水産業のCO_2ゼロエミッション化（脱炭素化）と持続的発展を目指すものです。具体的な取組み方向についての解説は後段に譲るとして、病害虫管理や土壌・生育データに基づく施肥管理などの技術開発にスマート農業は欠かせません。

脱炭素化に向けては、エネルギー調達の観点から化石燃料に依存しない再生エネルギーなどによる、地産地消エネルギーシステム（電力などのエネルギーを地域でつくり、地域内で消費する）の構築が始まっています。施設園芸先進国のオランダにおいては、豊富な天然ガス資源を燃料としたトリジェネレーション・システムの活用が盛んです。トリジェネレーションとは、熱と電気を得るコジェネレーション（熱電併給）・システムに、燃焼時に発生するCO_2の有効活用も加えた3つの機能を有するものです。園芸施設内の暖房の他、排ガスは作物の光合成を促進して収量や品質の向上を図るCO_2施用に活用し、更に発電も行うことで売電による収入も得ています。

また、農地への炭素貯留量を高める「バイオ炭」の取組みも開始されています。バイオ炭は、農林業由来の廃棄物や廃木材、食品廃棄物、植物などの生物から生まれた再生できる資源であるバイオマスを一定の基準を満たす形で炭化（炭素を含んだ原料を熱分解処理で炭を製造すること）したものです。こ

図 1-15　土壌の CO_2 吸収「見える化」サイト

バイオ炭の種類と土壌炭素貯留量の算出も可能

図 1-16　オランダにおけるトマト生産（Tomato world）

れには従来の肥料散布よりも大量の資材を運搬して農地に投入（マテリアルハンドリング）する体系を構築することが重要です。世界各国の環境規制の強化により電動トラクタは、充電可能な大容量バッテリを搭載しており環境にやさしい農機として各社で開発していますが、実用化には電池性能の向上、充電器の整備が必要となります。スマート農業に大きく関係する農機の電動化にも注目が集まっており、クボタ社が次世代のコンセプトトラクタとして、完全無人トラクタを２０２０年1月に発表したことにも現れています。

少し戻りますが、ＳＤＧｓや「みどりの食料システム戦略」などに大きな影響を与えている考え方として、「プラネタリー・バウンダリー（地球環境の境界）」という概念があります。２００９年に提示され、地球の状態を安定的に保つための限界を明らかにし、現在の状態はそのどのあたりにあるかを特定しようとしたものです。９つのプロセスが提示されていますが、スマート農業に関係の深いものとして、窒素およびリンによる汚染が挙げられており、特に窒素については既に一定の水準を超えているとされています。作物の生育には、窒素、リン酸、カリの肥料3要素が不可欠ですが、長年の農業生産により農地には作物が使いきれない量の窒素が投入され、それが地下水や河川水を通して流出するという問題も顕在化しています。

最近では、２０２1年7月に農林水産省の北海道農政事務所が開催した全道説明会において、北海道農政部が「みどりの食料システム戦略」と「ゼロカーボン北海道」の実現に向けた取組みを紹介しました。これは、全道的に２０５０年までに温室効果ガスの排出量の実質ゼロを目指すことを２０２０年3月に表明したことを受けたものであり、これまでも再生可能エネルギーなどの利活用に熱心であった北海道がさらに取組みを進めるものです。北海道農業の特徴としては、酪農をはじめ家畜の飼養頭数が多いことから、温室効果ガス排出のうち家畜由来のメタンの割合が高くなっていることがあります。また、家畜排せつ物などにより発生したメタンガスの利用についても、バイオガスプラントが50か所以上稼働している状況ですが、メタン発酵によりバイオガス生成を行う場合には、副産物であるメタン消化液の液肥としての利用を進める必要があります。メタン消化液は窒素成分を多く含むことから、作物への養分として活用できますが、土壌表面に散布する形だとアンモニア臭や、酸性雨の原因物質である窒素酸化物が常温で気化して大気中に拡散する問題が発生します。これらを防止しながら効率的に施用する技術が求められます。

また、北海道では1991年から健全な土づくりを行う観点より、化学肥料や化学農薬の使用を必要最小限にとどめる「クリーン農業」を推進し、30年ほどで4割以上の削減を実現しています。禁止農薬や化学肥料などを使用せず水田や畑で生産された作物を認証する「有機JAS制度」に申請登録する事業者が多く、有機JAS認証を受けている全国のほ場（農地）のうち北海道が全面積の24％を占めています。今後は「みどりの食料システム戦略」における有機農業の普及拡大の取組みに歩調を合わせる形で、温室効果ガスの削減にも効果があったクリーン農業技術を有機農業の推進に活用することとしており、その中で堆肥や緑肥などの有機物施用で農地への炭素貯留を進めるとしています。これらの技術を実践するため、土壌のセンシング技術や効率的な作業、たとえばGPS等の衛星測位システム（GNSS）を利用した自動操舵トラクタの利用などのスマート農業技術が必要となります。

みどりの食料システム戦略（概要）
～食料・農林水産業の生産力向上と持続性の両立をイノベーションで実現～
現状と今後の課題
○生産者の減少・高齢化、地域コミュニティの衰退
○温暖化、大規模自然災害
○コロナを契機としたサプライチェーン混乱、内食拡大
○SDGsや環境への対応強化
○国際ルールメーキングへの参画
「Farm to Fork戦略」(20.5) 2030年までに化学農薬の使用及びリスクを50%減、有機農業を25%に拡大
「農業イノベーションアジェンダ」(20.2) 2050年までに農業生産量40%増加と環境フットプリント半減
農林水産業や地域の将来も見据えた持続可能な食料システムの構築が急務
持続可能な食料システムの構築に向け、「みどりの食料システム戦略」を策定し、中長期的な観点から、調達、生産、加工・流通、消費の各段階の取組とカーボンニュートラル等の環境負荷軽減のイノベーションを推進
目指す姿と取組方向
2050年までに目指す姿
農林水産業のCO2ゼロエミッション化の実現
低リスク農薬への転換、総合的な病害虫管理体系の確立・普及に加え、ネオニコチノイド系を含む従来の殺虫剤に代わる新規農薬等の開発により化学農薬の使用量（リスク換算）を50%低減
輸入原料や化石燃料を原料とした化学肥料の使用量を30%低減
耕地面積に占める有機農業の取組面積の割合を25%(100万ha)に拡大
2030年までに食品製造業の労働生産性を最低3割向上
2030年までに食品企業における持続可能性に配慮した輸入原材料調達の実現を目指す
エリートツリー等を林業用苗木の9割以上に拡大
ニホンウナギ、クロマグロ等の養殖において人工種苗比率100%を実現
ゼロエミッション 持続的発展
革新的技術・生産体系の速やかな社会実装
革新的技術・生産体系を順次開発
開発されつつある技術の社会実装
2020年 2030年 2040年 2050年
取組・技術
戦略的な取組方向
2040年までに革新的な技術・生産体系を順次開発（技術開発目標）
2050年までに革新的な技術・生産体系の開発を踏まえ、今後、「政策手法のグリーン化」を推進し、その社会実装を実現（社会実装目標）
※政策手法のグリーン化：2030年までに施策の支援対象を持続可能な食料・農林水産業を行う者に集中。
2040年までに技術開発の状況を踏まえつつ、補助事業についてカーボンニュートラルに対応することを目指す。

補助金拡充、環境負荷軽減メニューの充実とセットでクロスコンプライアンス要件を充実。
※ 革新的技術・生産体系の社会実装や、持続可能な取組を後押しする観点から、その時点において必要な規制を見直し。
地産地消型エネルギーシステムの構築に向けて必要な規制を見直し。
期待される効果
経済 持続的な産業基盤の構築
・輸入から国内生産への転換（肥料・飼料・原料調達）
・国産品の評価向上による輸出拡大
・新技術を活かした多様な働き方、生産者のすそ野の拡大
社会 国民の豊かな食生活 地域の雇用・所得増大
・生産者・消費者が連携した健康的な日本型食生活
・地域資源を活かした地域経済循環
・多様な人々が共生する地域社会
環境 将来にわたり安心して暮らせる地球環境の継承
・環境と調和した食料・農林水産業
・化石燃料からの切替によるカーボンニュートラルへの貢献
・化学農薬・化学肥料の抑制によるコスト低減
アジアモンスーン地域の持続的な食料システムのモデルとして打ち出し、国際ルールメーキングに参画（国連食料システムサミット（2021年9月）など）

図 1-17 「みどりの食料システム戦略」の概要

出典：農林水産省ホームページ

これからの研究開発の方向性

超スマート社会であるSociety5.0の農業・食品分野での実現を目指して、各種研究開発が取り組まれています。その実現はＳＤＧｓの達成にも貢献し、スマート農業についてはＳＤＧｓの17の目標のうち、目標9の「産業と技術革新の基盤をつくろう」に密接に関係します。データ駆動型農業とも称されるように、情報通信インフラの整備を進めて中山間地域のような条件不利地でも持続的な農業生産が行えるようにし、食品産業も含めたスマートフードチェーンの確立や、資源循環型の社会を実現することが期待されています。そこで、これからのスマート農業技術では生産性向上と持続的生産を可能とするため、例えば窒素をはじめとする土壌の肥沃度の他、水持ちの良さや土壌病虫害の有無などをきめ細かくセンシングしながら、作物の生育に対して土壌を適切に管理することで生産性や健全性を高める土壌メンテナンス技術として発展させる技術開発にも取り組むことが重要です。

土壌メンテナンスの基盤となる情報として、農研機構の土壌データ提供サービス「日本土壌インベントリー」のＷｅｂページでｅ－土壌図（現在はｅ－土壌図Ⅱ）が公開されています（https://soil-inventory.rad.naro.go.jp/）。これは、単に土壌の種類を図化したものではなく、土壌の種類により肥料や水などを保持する力などが異なることも示し、栽培管理のやり方を考える上で重要な指標を与えるものになります。農業従事者の減少にともない、農地を借り上げて規模拡大を図る事例が増えていますが、これまで管理してきた農地と同じ土壌であれば、そこに投入する肥料などの種類や量を同様にして、栽培方法を大きく変えずに取り組み始めることができます。その他、「みどりの食料システム戦略」における有機農業拡大のためには、堆肥などの有機質資材の農地への投入による土づくりを進める必要があります。これまでの研究により、土壌の種類に合わせて、土壌温度や栽培作物に適した投入量の基準が算出されていることから、営農に必要な有機質資材の調達量の他、どこに集積してどの農地に優先して投入していくかなど、計画的な対応を行うことが可能となります。

土づくりの3要素として、土壌の硬さや水持ちなどの物理性、肥沃度に関する化学性の他に、生物性があります。土壌病害の発生には生物性の影響が大きいとされていますが、それを現場でダイレクトにセンシングする技術は確立されていません。土壌中の微生物である細菌やウイルスの「質」や「量」を調べるには、土壌をサンプリングして前処理を行ってＤＮＡを抽出して、ＰＣＲ（Polymerase Chain Reaction）法などで分析する方法が採られています。これは、ターゲットとするＤＮＡが異なりますが、コロナウイルスの陽性・陰性を検出するＰＣＲ検査と原理的には同じです。いわゆる土壌の質に相当するＤＮＡの多様性を検出できる手法も適用されており、土壌の健全性の指標としても活用されると期待されています。

図 1-18 日本土壌インベントリー

出典：農研機構（農業環境研究部門）ホームページ

コラム③　SDGsとSociety5.0

ＳＤＧｓは「持続可能な開発のためのアジェンダ２０３０」として、２０１５年９月の国連総会において全会一致で決定されたものです。ＳＤＧｓの前身として、２０１５年までに達成すべき８つの目標を掲げたＭＤＧｓ（ミレニアム開発目標）がありました。極度の貧困と飢餓については、あと一世代あれば撲滅できるところまで至ったとされていますが、二酸化炭素の排出量が基準年である１９９０年に比べて50%以上増加したことや、深刻な格差の問題と最貧困層や脆弱な人々が依然置き去りになっている状況の改善までには至らなかったとされています。

ＳＤＧｓでは「地球上の誰一人として取り残さない」ということを掲げています。ありたい未来に至るため17のゴールを設定していますが、２０３０年までに到達するためには様々なリスクを乗り越えることが必要です。例えば農研機構の研究開発と関係する目標として、目標９「産業と技術革新の基盤をつくろう」がありますが、農業では産業化やイノベーションなしには到達できないことは明らかなので、それを日本では農業・食品版「Society5.0」の構想で目指そうとしている訳です。手段としてのスマート農業も２０３０年までに社会実装は待ったなしの状況にあるともいえます。

農研機構の環境報告書２０１９では、２０１８年度から本格的に開始した農業・食品版「Society5.0」と「ＳＤＧｓ」への取組みという観点で、近年の環境に関する研究成果の他、国民や地域社会に向けたコミュニケーション（広報・普及）活動について初めて紹介しています。Society5.0は「飛躍的に発展したＩＣＴ、デジタル技術を活用して、フィジカル空間とサイバー空間を融合することにより新たな価値を創造」するものとされており、入口としてＩＣＴ等の活用を図ることが重要です。

環境報告書２０１９の中では、畜産由来の排水に多く含まれる窒素や有機物による河川や地下水の汚濁を防止するため、水質の指標であるＢＯＤ（生物化学的酸素要求量）値に応じて効率的に排水の浄化処理を行う「全自動ＢＯＤ監視システム」の開発例が紹介されています。有機物を分解して発電する発電細菌の機能を活用したＢＯＤセンサを開発して、従来分析に５日ほどかかっていたものを６時間ほどで現場計測できるようにし、それで排水浄化を行うために大量の空気を送り込む「ばっ気処理」を効率的に行えるようにしたものです。ＩＣＴとしてセンシング技術が活用された好事例といえます。

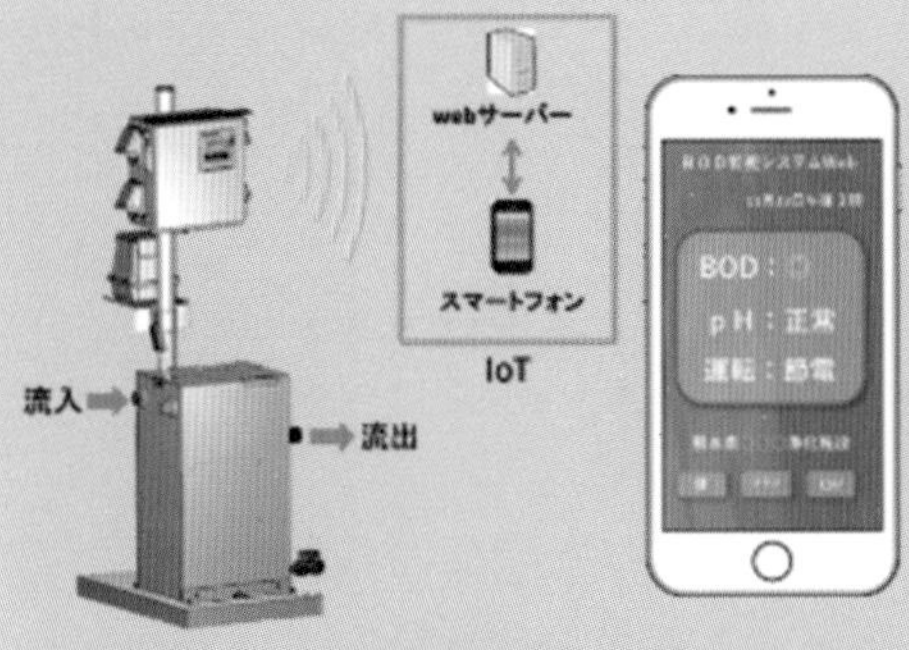

コラム図２　全自動 BOD 監視システム
出典：農研機構環境報告書 2019

環境報告書２０２１においては、「判断の根拠を説明できるＡＩを開発」で病気や害虫による農作物の異常を人工知能（ＡＩ）によって自動で検出するシステムの開発例が紹介されています。生産者が病虫害の発生初期の判断に迷うケースでも、人が判断する上で根拠を与えることが可能な画像診断深層学習モデルを開発し、適期に必要な防除を行えるようになり、農薬使用量の低減に貢献できる可能性を示しました。現在、管理車両に搭載して病虫害の病徴を示す異常株を自動で検出するシステムの開発を進めています。

このように、農業生産の場面でもフィジカル空間とサイバー空間が融合するシステムが開発され始めています。

2 スマート農業の技術的な要素

2.1　ロボットと農業

農業におけるロボット技術の適用は、今から20年ほど前の「耕うんロボット」の登場から本格的に始まりました。いわゆる人型ロボットが農作業を行うイメージではなく、まずは車両系ロボット農機により実現しました。農業用ロボットは一般産業用ロボットに比べて、足場が軟弱な条件で移動する必要があったことから、すでに導入されていたトラクタなどをロボット化することで対応しました。その後、屋外の多様な環境に対して柔軟に対応できるよう改良が進められました。

農業におけるロボット技術の適用

２００６年にロボット田植機が紹介された際に、『なぜ、人が動かすのと同じように、まっすぐに走り、田んぼの端で田植えをやめて、Ｕターンして再び田植えをすることができるのでしょうか。これにはＧＰＳ（全地球衛星測位システム）が一役買っています。』とあるように、コストを度外視すれば当時でも使えるロボットが存在していました。収穫ロボットについても、『トマトやナスを収穫するロボットが動いています。ＣＣＤカメラという「目」で、果実の位置と熟れ具合を正確に知り、ロボットアームという「手」で軟らかい果実をつぶさずに収穫します。』ということで、実際には果実を傷めずにつかむ動作については課題があったものの、収穫動作を自動的に遂行できるロボットが開発途上にありました。

それから15年が経ち、自動運転田植機は「スマート農業実証プロジェクト」で実用機が使用され、省力効果が実証され市販されました。ロボットアームタイプの収穫ロボットも、最近では２０２１年にアスパラガス用の自動野菜収穫ロボットとそのビジネスモデルでｉｎａｈｏ社が農林水産大臣賞を受賞するなど、普及段階になっています。一方で、形状や色、そして軟らかさの度合いが多様な野菜や果物を、人と同じように収穫できるロボットを開発するには、さらなる工夫が必要です。

① 車両系ロボット

車両系ロボットとは、車両系の農業機械が自律走行できるようにしたものです。二足歩行である人型ロボットは、そもそも田畑の比較的軟らかくかつ凹凸のある条件で、かつ手足と連動させて人間並みの速度で作業を行うことは困難で、人よりも速くかつ正確に作業ができるまでには未だ長い年月を要するとみられます。最新の二足歩行ロボットは、プログラム情報に基づき様々な障害物を視覚情報として認識して補正しながら、人と同じようにパルクール動作（走る・跳ぶ・登るといった基本動作に加えて、壁や地形を活かして飛び移る・飛び降りる・回転して受け身をとるといったダイナミックな動作）を行

図 2-1　2006 年時点の「田植えロボット」と「収穫ロボット」

えるようになりましたが、未だ人並みにすぎません。二足歩行の他、四足歩行ロボットも開発されており、それに腕をつけて物をつかんで動かしたり、スイッチを入れたりすることを可能にしています。園芸施設内などの条件が整っているところであれば、近い将来には苗を植えたりする単純な作業ができるようになるかもしれません。

一方で車両系でのロボット化は、まず定められた経路を自動で走行することが最初のアプローチとなります。その一つの完成形が自動運転の田植機での経路生成と自動走行にあるとみています。苗を植える作業そのものはメカニズム的に完成した機構で対応できることから、あとは人が苗の補給をするところをサポートすればよいだけになっています。自動走行については、ＧＮＳＳ（衛星測位システムの総称）が精度やコストの面で利用しやすくなったことで、農業場面で広く活用されるようになったことが実用化に大きく寄与しています。自動運転田植機が普及するには、熟練者並みの作業精度を確保するため数センチの誤差での制御が求められ、２００６年の「田植えロボット」は数百万円の構成で制御装置を組まなければなりませんでした。しかし、現状では数十万円で可能となっています。このように、車両系のロボットについては情報インフラ整備が進んだことが実用化の後押しとなった一方で、収穫ロボットなどについては実用化のハードルは依然として高いものがあります。

また、人の後ろをついてくる追従型ロボットが農業場面で活躍しています。大型物流センターにおいては、自動搬送ロボットが縦横無尽に走行し、これまで人が行っていたピッキング作業の効率化に大きく貢献しています。茨城県にあるＤｏｏｇ社では追従型無人運搬車をベースに農研機構と共同で農業向けに改良し、作業者を追従する機能を有するロボット運搬車を開発しています。走行部はゴムクローラ式で走破性に優れており、地面の凹凸やぬかるみがある状態でも安定した走行が可能です。自動追従は、二次元ＬｉＤＡＲ（光学式レーダー）を前方に1台取り付けており、それで追従対象となる人を認識してついていきます。自動追従の軌跡を記憶させることで、作業開始位置から終了位置まで自動往復作業を行わせることも可能です。運搬車としての機能は、１００kg程度の荷物を載せて走行でき、今後果樹園などでの運搬作業に利用されることが期待され、２０２１年9月からマーケティング機による試験販売も開始されました。

図 2-2　農業用追従ロボット

出典：農研機構動画集「NAROChannel」

　その他、工場などでの重量物の運搬に利用されている運搬支援ロボットは、ワイヤーをリード代わりとするテザーで人が誘導するものですが、農業用に改良する取組みも進められています。既存のものは2輪駆動の4輪式であり、1台で100kgを運搬する能力があります。テザーで複数台を連結して、1人でより多くの荷物を運ぶこともできます。果樹園用として開発した実証試験機は、土の上で牽引力を高めるラグ溝付きタイヤとし、傾斜20度の登坂能力を有するもので、積載量も20kg入コンテナを6個積載できるようにしています。

搬送における電動化では、農業の利用場面の多くは傾斜や路面状況から走行負荷が大きくなる傾向があり、バッテリの消耗が激しいという問題がありました。この点についても、小型・軽量のリチウムイオンバッテリの登場と、その性能向上により改善が図られています。運搬という用途においては走行時の負荷変動が小さいことから、用途に応じて適切な減速比と出力を選択することで、汎用品の電動モータで対応できます。

②　収穫・選別系ロボット

収穫ロボットのうち車両系にあたるロボットコンバインについては、自動走行は自動運転田植機と同様であり、作物列に沿って自動でまっすぐ走らせる技術については、2005年頃に実装されていました。イチゴやトマトなどの果菜類や果樹などの果実を収穫するロボットについては、未だ広く普及するという段階に至っていません。

人でいえば「目」に相当するイメージセンサについて、工場での不良品検出などにAIカメラが用いられ、低コストでパターン認識などの画像処理が行えるようになり、認識精度も向上していることから、農業場面でも低コストで果実認識を行える環境が整いつつあります。一方で、「手」であるロボットアームの先端についているロボットハンド（エンドエフェクタとも言います。）は、対象物が軟らかいことや大きさ等が均一でないことから、そのまま使えないという問題がありました。果実を採取するときに傷つけにくい方法としては、果柄（枝と果実を結ぶ柄の部分）をつかんで切断するのが有効であり、2010年頃に実用化されたイチゴ収穫ロボットにはこの果柄把持切断機構が採用されています。今後は、果実そのものを優しくかつ柔軟につかめるよう、力加減をデータ化し遠隔操作でも微調整できる「リアルハプティクス」技術の適用などが期待されます。

図 2-3　イチゴ収穫ロボットの果柄把持切断機構

「足」については、植物工場のように床が舗装され、台車が走行するためのレールを通路に設置していると、ロボット台車の走行制御は比較的容易です。一方で、人とは異なり、果実を認識して位置を計測しながら収穫動作を行うことから、台車は停止と走行を繰り返すため、人よりも速い走行速度での作業は困難となっています。逆に作物の方を動かして対応しているケースもあります。イチゴの栽培ベッドを循環し移動させて、収穫ロボットは定位置で自動収穫する「定置型イチゴ収穫ロボット」が開発されています。手作業にはなりますが、苗の植付けや葉かきなどの管理作業も定位置で行えるようになり、生育情報収集や病害虫防除も容易になります。現状では、施設装備そのものから変えていく必要があり、導入コストがかかることから普及は進んでいません。定置型にすることでロボット周辺を容易に遮光できることから、熟成度の指標となる色の識別が困難になる原因である直射日光が当たらないようにでき、昼間でも精度良く果実の熟成度の判断に必要な情報を収集できるようになっています。

少し産業用ロボットの観点から農業での利用を見直してみましょう。イチゴ収穫ロボットは低出力のハンドを使用していることから､必ずしも人と隔離した環境で動かす必要はありませんでした。しかし、農業場面で想定される重量野菜の収穫や資材の運搬など、人と比較的近い環境で動き回る用途ではより出力の大きいロボットアームを使うことが想定されます。近年、人との協働作業を前提とした安全機能を有したロボットアームが開発され、人との接触を許容しながら安全を確保する「協調安全」の考え方の導入も進んだことで、工場の生産ラインでは人とロボットが分担して作業を行うことも珍しくなくなりました。農業場面にも、カボチャなどの重量野菜に対応した専用ハンドを装着したロボットアームで収穫する技術が開発されつつあり、近い将来に人との協働作業で利用される場面も出てくるかもしれません。

近年の取組みとして、２０２０年12月に農研機構、立命館大学、デンソー社が共同で、リンゴやナシの果実収穫ロボットのプロトタイプを開発したとしてプレスリリースを行いました。果樹は樹形が立体的であり、果実が葉や幹にさえぎられて認識できないことが多く、またブドウやカンキツのように収穫にハサミが必要なものもあります。ここでは、ロボットが果実を認識しやすいような樹形に仕立て方を変えて、もぎ取りで収穫可能なリンゴやナシに対象を絞ることで、人とほぼ同じスピードで収穫できることを実現しました。農業場面では、工場のようにロボットが作業しやすい環境に徹底的に変えること

図 2-4　果実収穫ロボットのプロトタイプ

出典：農研機構プレスリリース

はできないかもしれません。ロボットが作業しやすい環境に変えることは、人が作業する場合でも省力化が図られることから、今後は現場が収穫ロボットの実現に向けて歩み寄ってくることが期待されます。果実収穫ロボットについては第3章で詳しく解説します。

③　選果機という名のロボット

選果機とは、農作物を重さや形、色などで選別する機械です。店頭に並んでいる果実の多くは大きさがそろい、糖度まで示されたものが多いですが、これは収穫後に選別作業を行ったものが出荷されるためです。人の手だけで行うと大変な作業になるものをとても効率的に行えます。ミカンの場合、大きさの選別については、規格に合わせた大きさの穴が周囲に開けられた選別ドラムを、穴の大きさが小さい順に並べて回転させ、果実を順番に落としていくことで分けるドラム式選果機が主流です。人が目で見て大きさごとに分ける作業を自動的に置き換えたことになりますが、病害を受けた果実などの選別は人の目に依存しています。

糖度については非破壊センシング技術が使われており「光センサ選果機」として、1990年代から普及が進みました。光センサ選果機とは、果実の一つ一つに近赤外線を照射して形や傷、色などや品質

図 2-5　AI 画像解析選果機の例

出典：愛媛柑橘スマート農業実証コンソーシアム

をコンピュータで自動判別してくれる機械です。近赤外光は波長800～2500㎚で、人の目で光として感じる波長範囲である可視光と、熱として感じる遠赤外光の間に相当します。近赤外線が果物の中を通りぬける際の特性で糖度と相関がある現象を利用しています。選果機による選果は、果実の大きさや温度の影響を受けますが、それを補正する仕組みが予め組み込まれていることから、高い精度でかつ高速で糖度を検出することができます。さらに進化した選果機においては、可視光や紫外光カメラを使用して、腐敗や病虫害を受けた果実をAI画像解析で高精度に検出できるものも開発されています。これにより人の「目」を超えた機能を有したことになります。AI画像解析による選果機ではベルトコンベアに載せて流すだけで大きさも検出できることから、ドラム式選果機では傷つきやすく果皮が薄い高級カンキツの選別に使えることも特長となっています。

ちなみに、選果機で得られたデータは、どの園地で収穫した果実なのかということと関連付ければ、品質向上を図る技術を適用する目安になります。この点については、次項で詳しく解説します。

コラム④ サービスロボットと「愛・地球博」

2025年、日本国際博覧会（大阪・関西万博）が大阪の夢洲（ゆめしま）で開催されます。斬新なロゴマークにも注目が集まりましたが、Society5.0の実現と2030年達成を目標とするSDGsへの貢献が大阪・関西万博の開催目的の柱となっています。この万博の20年前の2005年、愛知県で「愛・地球博（愛知万博）」が開催されました。

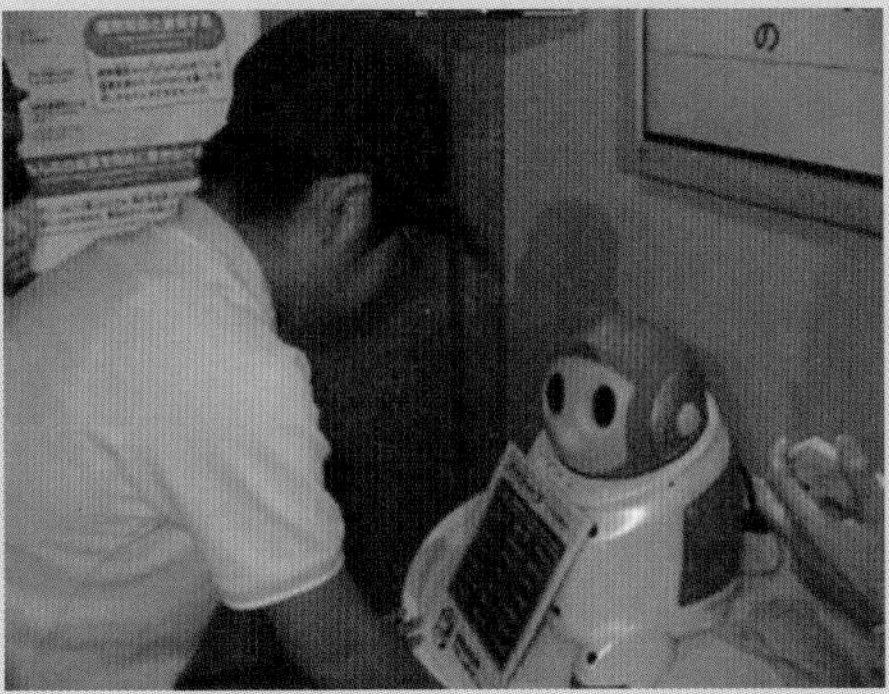

コラム図3 チャイルドケアロボットと子どものコミュニケーション

2005年の愛知万博会場にて

愛知万博のテーマは「自然の叡智」でした。それまでが開発型であったものが環境保全型にシフトしたさきがけとなった万博とされています。そのなかで、愛・地球博「ロボットプロジェクト～We live in the Robot Age／僕らロボット世代～」が展開されました。新エネルギー・産業技術総合開発機構（NEDO）が当時実施していた「次世代ロボット実用化プロジェクト」の成果である約100体のロボットを一同に展示、稼働させたものでした。

NECのチャイルドケアロボット「PaPeRo」は、延べ2・7万人以上の3歳から12歳の子どもたちとふれあい体験を行いました。画像認識技術により人を見分けることの他、人とやりとりした内容を記憶し、それによってふるまいが変化するロボットです。その技術がロボット型オープンプラットフォーム、みまもりロボット「ＰａＰｅＲｏ ｉ（パペロアイ）」として活用され、２０２１年１月には外務省がＥＵ向け放送において、コロナ禍における日本の取組みを世界に紹介する記事にも取り上げています。

愛知万博で登場したロボットの多くは、工場の中で動く産業用ロボットではなく、チャイルドケアの他、掃除、接客や警備など生活支援に向けたロボットサービスであり、人が生活する空間で動かすため安全確保が重要です。その後のプロジェクト研究でロボットサービスの安全を保証する国際安全規格「ＩＳＯ１３４８２」の策定も進められるなど、世界を先導する取組みとしても成果を示しました。

2.2　データと農業

最近の農業におけるデータ活用については、「農業ＤＸ」としての展開が進みつつあります。その基になるデータとしては、作物生育や病害虫、気象や土壌等のデータに加えて、今後は、長年の熱心な栽培研究から抜群の商品力を持ち、地域や各作物の分野を代表する農家が有する技能データの他、ロボット農機の作業データも加えて、ビッグデータとして複合的な解析が重要な要素となります。生育・収量予測への活用も進みつつあります。

データ活用から農業ＤＸへの展開

２０２１年３月に「農業ＤＸ構想」が農林水産省において取りまとめられました。「デジタル技術を活用して効率の高い農業経営を実行し、消費者ニーズに応えられる農産物・食品を提供できる農業を実現する」ということを掲げています。また、大規模なＷｅｂサーバーを運用している事業者と契約して自前のプログラムを置いて使用できる場所を提供するＦａａＳ（Farming as a Service）への変革で実現するとしています。この中で、生産現場データを活用した農業を行っている農業経営体は全体の２割弱とされ、「２０２５年までに農業の担い手のほぼ全てがデータを活用した農業を実践」という目標に対して厳しい状況にあることがうかがえます。コロナ禍でリモートワークなどへの対応をする際に、デジタル化の遅れが社会全体として知られることになりましたが、新たな働き方として定着した感がある現状においては、農業や食品産業のデジタル化も全体としてＤＸ化に一気に進むことが期待されます。

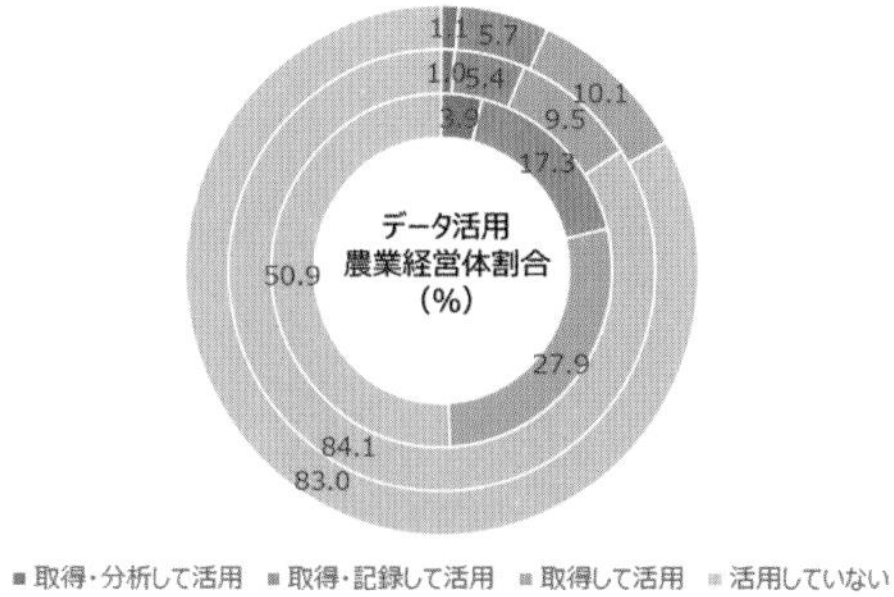

図 2-6　データを活用した農業を行っている農業経営体数の割合（2020 年センサス）
内側から北海道、都府県、全国

行政手続のＤＸ化では、デジタル３原則としてデジタルファースト（手続きがデジタルで完結）、ワンスオンリー（提出は一度だけ）、コネクテッド・ワンストップ（複数の手続き・サービスを一度で）が掲げられています。農作業関係のデータ交換でもコネクテッド・ワンストップの観点が重要になると考えられます。つまり、異なるメーカーの機器が互換性を持ちつながることは、スマート農業の次の段階にあるといえるからです。

コロナ禍でワーケーション（ワークとバケーションを合わせた造語）が注目されましたので、農業DX構想が多くの地域で実現・定着することを期待したいものです。

データ活用の事例

①　作物・病害虫のデータ活用

農業経営を始めるうえで大切なことは、作物を健全に育てることです。しかし、作物が病気にかかり品質が悪くなり出荷できないこともあります。作物の病気を防ぐためにも作付品目の特性、作付履歴、環境情報などデータの活用が必要です。作物の生育状態を測定する方法としては、葉の葉緑素の量を計測する葉緑素計が広く用いられています。葉緑素が赤色の光（６００～７００nm）を吸収し、植物の持つ色素でどこにも吸収されない赤外領域（７８０nm～）の光との差で計測しています。作物は、肥料として与えた窒素を使って生育し、作物体内の窒素が多くなると葉の緑色が濃くなります。これを葉緑素計で計測すれば、作物の生育状況を把握することができ、作物に与える肥料の量を適正に判断するための目安も得ることができます。ＬＥＤ光源を持ち、葉を挟んで使用するタイプの携帯型の葉緑素計が広く用いられますが、作物に非接触で計測できる「携帯式作物生育情報測定装置」が２００２年に開発されています。この装置を使って位置情報をＧＰＳなどで得ながら、作業者が農地の中を移動して多点計測を行うことで、生育マップを作成することができます。この装置は無人ヘリに搭載してより広い面積を効率的に計測できることを確認しており、第3章のドローンの項目で詳しく解説しますが、現在広く行われているドローンによる作物生育状況の計測の先駆けともいえる取組みにあたります。

病害虫の診断については、病徴（病気の姿）を目視で観察しての判断や、原因となる病原菌や害虫の顕微鏡観察で行います。多様な病徴を生じさせる植物ウイルスは100万倍に拡大してようやく見える大きさなので、電子顕微鏡による観察や遺伝子解析などによる精密検査で確認します。一方で、植物の病徴の画像をディープラーニングによるAI解析を行うことで、原因となる病害虫を判定できるシステムの開発も進んでいます。この解析には、病害虫の画像データベースの構築が不可欠ですが、「病害虫被害画像データベース」がオープンデータとして農研機構より公開されています。ここには、トマト、イチゴ、キュウリ、ナスの病害虫被害の画像が整理され、例えばトマトであれば、全体の画像の他、葉の表と裏、茎、花や果実など部位ごとに分けられ、特徴的な病気について部位別の被害画像が掲載されています。多いものでは一つの部位・病気ごとに1000枚以上あります。

既に、特定の作物と病気に対応したAI病害虫診断システムがサービスとして提供されています。スマートフォンで作物の異変が見られる部分の画像を撮影するだけで、アプリのAI診断機能で該当する病害名と特徴や対策情報を合わせ提示するものです。

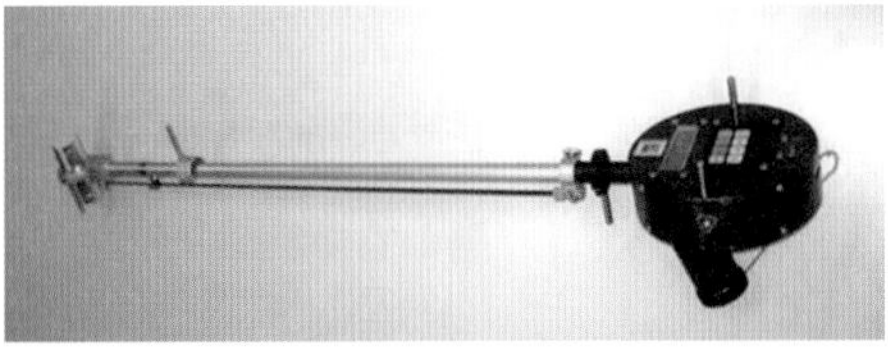

図 2-7　携帯式作物生育情報測定装置

出典：農研機構「水稲精密農業」Web

②　気象・土壌・農作業のデータ活用

一般に気象データは、気象庁の無人観測システムである「アメダス」がよく知られており、全国で約1300か所に設置されています。設置の密度は約20㎢に1か所の割合であることから、これでは個々の生産者の農地に対応した気象情報の提供という点では粗すぎます。そこで、アメダスデータをもとに1㎢単位でデータの補間を行い、メッシュ情報として提供する「メッシュ農業気象データシステム」（対象とする農地の気象情報を1㎞四方で区切ることで使いやすくすること）が農研機構から公開・運用されています。日本全国で40万メッシュほどになります。さらに、中山間地域など狭い範囲で標高差が大きく変わる地形条件にも対応するため、50mメッシュで情報提供を行えるシステムも別途開発されています。

土壌データは、「日本土壌インベントリー」（土壌分類の解説や土壌温度の情報を提供）が公開されています。長年農林水産省の農地の土壌調査関係の事業で得られた情報を蓄積し、アプリを使えばスマートフォンで土壌の種類情報を簡単に入手できるようになりました。前述したe－土壌図のところで説明したように、農業従事者の減少にともない、地域の大規模生産者に農地を貸し出し集積する動きが進んでいますが、これらを活用すれば、借り上げ農地の水はけや保水性の良し悪しなどの土壌特性を事前に把握することができます。作付予定の作物に適した土壌か、肥料の設計はこれまで通りでよいかなどの判断に使えます。

以上のように、農業生産を行う場所に付随するデータの他、農作業に関係するデータについても近年活用の動きが広がってきています。

日本農作業学会では、国や都道府県の試験場等の農作業データを作物別に収集して公開していますが、試験研究の一環としてデータ収集と取りまとめを行ったもので、限られた条件での代表値を示すにとどまっています。また、ロボット農機の登場で、これまで人の能率と同じと扱われていたものが農機と人を別々に解析しなくてはならなくなっています。データの取得方法についても、かつては巻尺とストップウォッチであったものが、ビデオカメラやGNSSを使った計測も使える環境になってきています。また、最新型のトラクタなどではエンジン回転数や燃料消費量などの情報を乗車していなくても確認、さらにはパソコンなどに記録できるようになってきています。これらのデータも組み込んだ営農管理システムが農業場面で活用され始めています。

③　果樹生産における選果機データ等の活用

ウンシュウミカンをはじめとするカンキツ類については、光センサ選果機により選別された高糖度、低酸度果実をブランド果実として出荷して差別化しています。さらに、果実の形状や品質情報をデータとして取得できる選果機は、どの園地から収穫されたものかの情報と関連づけることで、栽培管理に反映することも可能です。高品質化技術を適用して、ブランド果実の生産割合を高めている産地が複数あります。和歌山県の「まるどりみかん（早和果樹園）」、香川県の「小原紅早生（JA香川県）」、三重県の「みえの一番星（JA三重南紀）」、山口県の「島そだち（JA山口大島）」や愛媛県の「瀬戸の晴れ姫（JAおちいまばり）」などのブランド果実は、選果機データと高品質化技術を組み合わせた事例として有名です。

図 2-8　カンキツ用簡易土壌水分計

出典：農研機構（西日本農業研究センター）

カンキツ類の高品質化技術として、「マルドリ方式」が一定の面積で普及しています。カンキツ類の糖度を高めるには、果実が太っていく時期に過剰な水分が供給されないようにすることが重要です。このため、その時期に樹の周りの地面に雨水を通さないマルチシートを敷く栽培が行われています。一方で、適切な量の養水分が与えられないと樹が弱ってしまい、果実の収量が低下し、変動も大きくなってしまいます。これを補うため、マルチシートの下にドリップ（点滴）チューブを配置して養水分を供給できるようにした方式が「マルドリ」と呼ばれるものです。この養水分の制御に近年はＩＣＴの活用の他、先端部を土壌に埋設して、上部に接続されたパイプ内の水位低下量で土壌の乾燥程度を判定できる「カンキツ用簡易土壌水分計」のような電源を全く使用しない装置を指標として行うことも可能です。自動化技術ではありませんが、データの「見える化」技術として農林水産省のスマート農業Ｗｅｂでも紹介されています。

篤農家が有する技能データを超えるには

篤農家と呼ばれる方は、長年の経験に基づいて研究的な興味のもと、高い技能を修めていますが、現代の篤農家と称される方々が出てきています。茨城県龍ケ崎市の横田農場の横田修一さんは、プロの大規模水田経営者として様々なケースで取り上げられることが多く、スマート農業実証プロジェクトにおいても「茨城南部スマート農業実証コンソーシアム」として2か年の実証試験が行われました。現在は水稲だけでも160haの規模を経営しており、100ha前後の規模の時点で7種類のコメを組合せて田植えの時期を分散させ、田植機1台だけで対応していたことでも有名な方です。ただ、追肥などの管理作業については適切な時期を外すこともあり、一定面積当たりの収穫量は必ずしも高くないという問題がありました。その改善を図る手段を模索する中で、水稲の生育を予測し、最適な時期と量で追肥が行える「栽培管理支援システム」を適用し効果を得ることができました。

図 2-9　収量コンバインによる水稲の収穫

出典：農研機構（農業機械研究部門）

小規模で管理する水田の数が少ない場合は、農家の頭の中でシミュレーションが可能であったものが、大規模で500枚ほどの水田を管理するようになり、1人だけではなく複数の雇用を入れて対応するようになれば、情報を共有するためのマップベースの営農管理システムの導入が必要になります。さらに、生産性の向上を図るためには、水田ごとの食味や収穫量を自動的に計測できる食味・収量コンバインの導入が重要となります。これらのシステム等の導入実証で「自分たちの経験だけでは発想できないアイデアを提案してくれる」との評価を受けています。あくまでも考える主体は人であり、データやそれに基づく解析はそこにアイデアや気づきを与えるものといえます。

これまでは、篤農家に弟子入りをして、その身近で技能をデータという形ではなく、実体験も含めて「会得」する必要がありましたが、篤農家は必ずしも教えるプロではありません。それを補助するツールとして、データの見える化が重要です。

2.3　情報通信技術と農業

農業場面では、情報通信技術（ＩＣＴ）の利用が拡大しています。特に、環境センシング技術と営農管理システム関係については、現場での利用も進み、更なる活用が模索されているところです。第５世代移動通信システム（５Ｇ）の登場は、農業場面でも遠隔監視条件下でのロボットトラクタの運用における安全性確保のほか、複数のロボットが得た高精細画像などのセンシング情報をもとに、より高度な作物管理を行える環境を予感させるものです。

農業の中でのＩＣＴ

ＩＣＴ（Information Communication Technology）は、単にデータを送る技術だけではなく、相互にやり取りを行うことに特徴があります。農業場面では、作物の生育などの情報を画像等で収集し、その解析を行うパソコンなどに送り、その解析結果に基づいて農作業のやり方を変える判断を行い、最終的には作業を遂行します。次世代通信技術である5Gにより情報をより多く伝えることができるようになると期待されています。

農業場面で情報通信技術の利用が注目されたのは、2004年に研究者向けとして市販された「フィールドサーバ」の登場にさかのぼります。無線LANによりインターネットに接続でき、屋外に長期設置が可能で、温湿度や日射量の他、土壌水分センサと接続した計測が可能であり、内蔵カメラで遠隔監視の機能も有しています。それまで、ほ場内に設置したセンサなどで収集するデータは、センサに付属した記憶媒体に記録され、それを定期的に回収して解析にかけていました。それがインターネット経由で常時モニタリングできるようになり、複数の異なる種類のデータを時系列で並べて処理できるようになったことから、作物の生育環境情報と生育状況を合わせて解析できるようになりました。

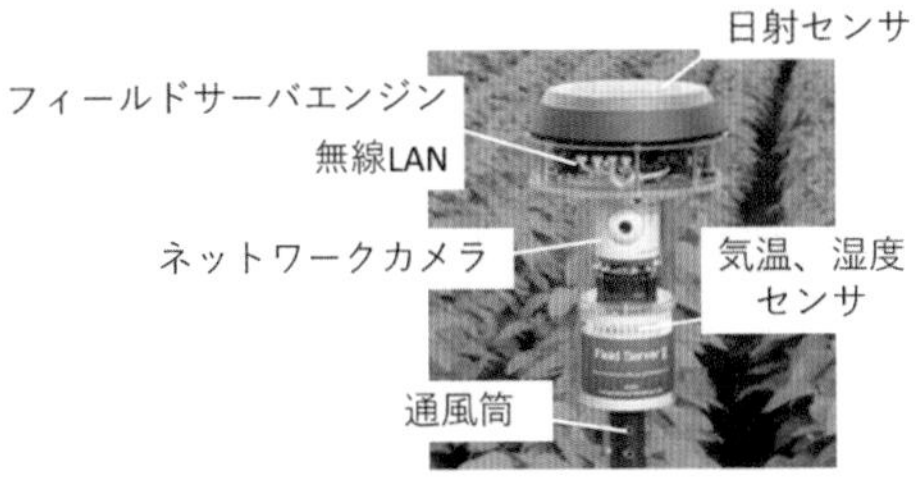

図 2-10　開発当初のフィールドサーバ

通信に関しては、自動車で使用されている有線の通信システムCAN（Controller Area Network）BUSと同様に、スマート農機などで農業機械の電子化が進んでいます。農業機械関係の国際規格としてはISO11783が定められ、「ISOBUS」と呼ばれています。ISOBUSとは、トラクタや作業機が自動化されることにより、運転・操作の情報通信を世界中のどのトラクタ、作業機の組み合わせでも行えるようにした国際標準の規格です。主に欧米の大型トラクタに装備されていますが、この規格に対応した国産の電子制御ユニット（ＥＣＵ）も開発されています。ＩＳＯＢＵＳのネットワーク上では、例えばトラクタに肥料散布機をつないだ場合、トラクタの車速情報などが流れており、作業者はバーチャルターミナルという運転席に設置された情報表示兼操作ディスプレイでその情報を確認でき、散布量の設定などができます。肥料散布機には自動的に信号が送られて設定された量で肥料を均一に散布することができます。より進んだ形では、作業機側から信号を送りトラクタを停止させたりすることもできるようになります。今後ロボットトラクタが様々な作業に対応するためには、ＩＳＯＢＵＳのような双方向通信を作業機の間で行えるようにすることが重要です。

農業と5G

つながるＩＣＴは社会のいたるところで活躍しています。ＳＥＩＣＡ（青果ネットカタログ）が２００２年に運用を開始して長年生産者、流通業者と消費者をつなぐシステムとして利用されてきましたが、２０１８年７月にシステムの維持継続が困難となり運用停止となりました。ＳＥＩＣＡは、商品に添付されたＷｅｂアドレスとカタログ番号で購入商品の履歴情報などを確認できるシステムです。カタログ掲載の元情報はネットワーク上に置いて管理しています。いつでも、どこからでも情報の編集ができ、トレーサビリティシステムとして食品事故が発生した際の追跡や回収を容易にする仕組みとしての活用が可能です。生産情報などをＷｅｂで提供することで消費者との間で「顔の見える関係」を構築することを重視しています。１７００品目の野菜や果実を登録することができ、無料で登録・閲覧が可

SEICA(青果ネットカタログ)
消費者への情報提供データベース
約4000件のカタログ登録
SEICA
【青果ネットカタログ】
http://seica.info
活用事例
1999年 だだちゃ豆の販売実験
いばらき農産物ネットカタログ
（茨城県、JA茨城県中央会等の共同運用）

図 2-11 2002 年から 2018 年まで運用された SEICA
（青果ネットカタログ）

能な公的データベースとして運用されていました。その機能を活用して、民間が独自サービスを提供できる拡張性を有していた一方で、農産物そのものを識別するため、牛での耳標に相当するカタログ番号で統一的に管理できるようにし、データは交換を容易とするため書式が公開されているＸＭＬ形式で記述されたものでした。オープンデータと標準化を意識したシステムが日本で20年ほど前から存在していたことは、現在のスマートフードチェーン関連のシステムのあり方を考える上でも参考になると思われます。

第５世代移動通信システムとされる５Ｇ（ファイブ・ジー）は、高速大容量、低遅延、多数同時接続を特長とし、通信事業者によるサービスが提供され始めています。これにより、大容量の動画情報をストレスなく取得できることから、５Ｇに対応したスマートフォンが次々と販売されています。一般の方にとっては、より高画質の動画の視聴がストレスなく行えるようになることや、仮想現実（ＶＲ）に対応したアプリケーションが遅延なく動くことで注目されていますが、産業的にはＩｏＴ（Internet of Things、モノのインターネット）を駆使してリアルタイムでデータの収集と分析を行い、それに基づいて制御を効率的に行うことへの活用が期待されています。

日本国内においては、地域や個々の産業分野の様々なニーズや利用場面を想定して5Gの活用を図る「ローカル5G」の事業（総務省「地域課題解決型ローカル5G等の実現に向けた開発実証」）が行われています。医療関係では、中核病院において高精細画像情報を5Gの通信機能によりリアルタイムで共有して遠隔診療や遠隔技術指導ができることを確認していますが、内視鏡検査など、より高度な利用では未だ時間遅れなどの課題があるとされています。工場での製品の外観検査においては、超高精細カメラ画像のＡＩ解析により自動的に欠陥品を検出し、さらにはライン上で抜き取りを行うところまでの対応が試みられ、１００ｍ／分で流れる鋼板の表裏のキズの自動判定の利用実証がなされています。牡蠣養殖では、従来は水中に吊るされた牡蠣をクレーンで持ち上げて目視で付着物を確認していましたが、これを水中ドローンの高精細画像で確認する取組みが行われています。

「スマート農業実証プロジェクト」の一部の課題も総務省の事業と連動して実施されています。例えば、山梨県で実施された「スマートグラスを活用した熟練農業者技術の『見える化』の実現」においては、熟練を要するブドウの房づくりや摘粒作業用として、スマートグラスを使用して対象ブドウの画像をローカル5G通信でアップロードし、ＡＩ画像解析を行った後に、スマートグラスに作業指示を返すシステムを構築しています。従来の４Ｇ通信では表示に約7秒を要していたものが、５Ｇ通信により約2秒で表示できることが確認されています。

「自動トラクタ等の農機の遠隔監視制御による自動運転等の実現」においては、ロボットトラクタ等の複数台協調作業において、アンテナの設置条件による影響評価などを行い、防風林などの遮蔽物によ

<5Gの主要性能>
超高速　最高伝送速度10Gbps
低遅延　1ミリ秒程度の遅延
同時多接続　100万台/㎢の接続機器数
5Gは、AI・IoT時代のICT基盤
低遅延
高速・大容量
2G 1993年
3G 2001年
LTE/4G 2010年
5G 2020年
同時接続
超高速
従来の移動通信システムよりも
100倍速いブロードバンドサービスを提供
2時間の映画を3秒でダウンロード（LTEは5分）
低遅延
利用者がタイムラグを感じることなく、
リアルタイムに遠隔地のロボットを制御可能
ロボットの精密な操作にも対応（LTEの10倍の精度）
同時多接続
スマホやPCをはじめ、身の回りの
あらゆる機器がネットに繋がる
自宅内の端末やセンサー約100個が接続
（LTEでは数個）

図 2-12　次世代通信規格 5G の特徴

出典：総務省 5G 実現に向けた総務省の取組み

る影響を確認して、遠隔監視での安全な運用に必要な知見を蓄積しています。今後のロボット農機のレベル３（遠隔監視条件下での無人状態での完全自動走行）運用に必要な通信インフラとしての展開が期待されます。ちなみに、レベル３のロボット農機は、搭載されたシステムで非常時には自ら停止する機能を有している必要があります。５Ｇ通信の機能は、高精細カメラで周辺状況を速やかに確認して、遠隔地から安全に再起動するために活用されます。

一方で、ローカル５Ｇ通信環境の整備においては、基地局設置コストやそれに接続する光ケーブル通信網との関係もあり、農業利用だけではコスト面で厳しい現状があります。

コラム⑤　自動走行農機の安全性検査について

日本においては、2017年まで農業機械の型式検査や安全鑑定が実施されてきましたが、農業機械の製造技術が向上し、型式チェックの必要性が低下したことなどから、根拠であった農業機械化促進法の2018年4月の廃止にともない、新たな安全性検査制度が開始されています。この中で、「ロボット・自動化農機検査」が行われるようになりました。これは直進や枕地の自動操舵運転やロボットトラクタなどの無人運転ができる先進的な農機について、農業現場で安全に使用するために人や障害物の検出機能等について検査するものです。

2018年3月にはロボット農機の実用化を見据え、「農業機械の自動走行に関する安全性確保ガイドライン」が農林水産省により策定されており、国際規格としては「Agricultural machinery and tractors ― Safety of highly automated agricultural machines ― Principles for design（ISO 18497:2018）」が制定されています。これらに対して、例えば人や障害物の検出機能を確認するための試験方法として、試験障害物の規格（大きさ、形状、色）を定めて国際規格に反映するなど、この方面では世界を先導する取組みがなされています。

ロボット農機に期待される役割としては、人が乗車せずに作業が行えるようになることで、農作業死亡事故の中で60％近くを占めるとされているトラクタや運搬車に人が乗ることによる事故をゼロにできる可能性があることです。それには、ロボット農機自体の安全性を確保するために安全性検査で機能面のチェックを行うとともに、運用時のリスクアセスメントを徹底することも重要です。これらは、新たなロボット農機が登場するのに合わせて、安全性確保ガイドラインの改正を行いながら対応しています。最近では2021年3月にロボット小型汎用台車に対応する改正がなされています。

なお、ドローンについては航空法を所管する国土交通省航空局が安全性に関するガイドラインを定めており、2021年12月に「無人航空機（ドローン、ラジコン機等）の安全な飛行のためのガイドライン」が示されています。農薬散布については、農林水産省が2019年5月に「無人マルチローターによる農薬の空中散布に係る安全ガイドライン」を提示しています。

スマートフォンの農業用アプリの展開

農家の課題は、前述したように人手不足、後継者不足です。しかし、誰かに手伝ってもらいたいけれど、どこのどのような人で何ができるのかが分からなければ農家も不安になります。そこで、農業を始めたい、働きたい人と農家をつなぐスマホアプリが全国で広がっています。農家は登録しておけば、アプリを通して必要な時期に1日単位で働きたいという人とマッチングが図れるものです。農作業は、例えば果樹などは収穫時期に必要な労働力が集中します。かつては地縁や血縁に依存してその時期だけ応援に来てもらっていました。それをアプリだけではなく、2種類以上の仕事を同時並行で行うパラレルワークなど多様な働き方ができる環境ができつつあることで、農業の労働力不足を補う有力な手段となっていくことが期待されます。また、将来、独立して農業を考えているが今は研修したいと思っていても、どうやって農家を探せばいいのかわからない人にとってもマッチングアプリは適しています。

スマートフォンのカメラを利用したサービスとしては、病害虫の被害を受けている作物や雑草の画像を送ると、ＡＩで診断してくれるアプリがあります。農薬会社のサービスでは、特定した病害虫や雑草に効果のある農薬情報も提供しています。イチゴの生育画像から花の数や果実の生育ステージなどを自動判別する技術開発も取り組まれています。最近ではスマートフォンと一体型となったハイパースペクトルカメラが登場していますが、位置情報の他に撮影時の太陽光の入射角情報なども併せて取得して、自動的にＮＤＶＩ値（植生の分布状況や活性度を示す指標）を算出して、通信機能を使ってサーバーにデータを送るところまでできるようになっています。

また、一般向けのサービスでは雨雲レーダー情報の配信などで、気象情報の入手が可能になっています。農業日誌の入力ツールの活用も進んでいますが、入力の手間を簡素化することが課題であり、研究段階としては音声入力との連動もできることが確認できています。

情報伝達手段の進化として、ポケベルから携帯電話（フューチャーフォン）、そしてスマートフォンと進み、送ることができる情報量が飛躍的に拡大しました。人が目で確認することで得ていた情報をスマートフォンが自動的に代替獲得する状況にもなりました。農業用アプリでもハウス内の異常昇温や、水田の水位情報を自動的に通知するシステムが使われており、それと気象や地図情報との関連付けや表示を行い、ビジュアルな情報としていつでも、どこでも確認できるようになってきました。

より携帯性を高めるのであれば、スマートウォッチという形で、また、目の前の現象と重ね合わせて実際の作業との親和性を高めていくのであれば、拡張現実（Augmented Reality、ＡＲ）としてスマートグラスとの組合せで進展していくものとみられます。

3 スマート農業の事例

3.1 トラクタ、収穫ロボット、ドローン

２０１８年秋に「ロボットトラクタ」が世界で初めて日本で市販されました。これは、ロボット農業元年と言われるほどインパクトのある出来事でしたが、それよりも5年ほど前にイチゴ収穫ロボットも限定的ですが市販に至っています。ドローンは空撮画像利用のほか、薬剤散布などでも農業利用が進みつつあります。スマート農業は、ＡＩ、ＩＣＴ、ＩｏＴ技術を活用し、作業の省力化、品質の向上を目指しています。ロボット農機の導入も増えてきており、トラクタ（自動操舵、無人）、収穫ロボットなどが活用されるようになってきました。その他にも自動運転田植機、リモコン式自走草刈機などもありますが、開発や利用が進む中、一部の技術は普及が進まないという現実に直面しています。

ロボット種別の事例

①　トラクタ

トラクタは数ある農業機械の中で、最もメジャーなものであり、作業機を付け替えることで多くの作業に対応することができます。作業機を駆動するための動力取出軸（Power Take off、PTO）が装備され、日本で多い中小型（60馬力未満のもの）では主にロータリー耕うん作業機が装着され、専用機化しているケースも多くあります。このため、開発初期のロボットトラクタは「耕うんロボット」と呼ばれていたこともありました。

図 3-1　耕うんロボットによる収穫作業

出典：農研機構（農業機械研究部門）

ロボットトラクタについては、農林水産省が立ち上げた「スマート農業実証プロジェクト」で多くの農地に導入されました。福岡で行った大豆の実証では、「既存トラクタに自動操舵システムを用いた播種作業、防除ドローンによる病害虫防除作業、普通型ロボットコンバインによる収穫作業により、労働時間を地域慣行に比べ15％削減できました。」（「みんなの農業広場」掲載記事より引用）とされています。無人トラクタは現状では人が監視しての自動走行となりますが、実証では精度の高い耕起作業が可能で、無人による省力化が確認できました。

農林水産省の「農業機械の自動走行に関する安全性確保ガイドライン」で示されるように、現在日本において多く普及しているものは「使用者が搭乗した状態での自動化」に対応したものです。ハンドル操作を自動制御し、設定した経路どおりに走行できる自動操舵装置が北海道を中心に広く普及しています。大きな区画の長い直線作業が楽にでき、運転に慣れていない人でも熟練者と同等以上の精度や速度で作業ができます。ここにもGNSSが活用されており、一部のトラクタについては装置を後付けで対応することもできます。

トラクタといえば、クボタ社が2020年に展示会で公表し、テレビCMにも登場させた「コンセプトトラクタ」は、運転席がなく人が乗らない無人仕様の電動トラクタです。コンセプトでは、「登録された圃場マップ、天候の予測データにアクセス、同時にドローンへ指令を出し、最新の圃場の状態をセンシングし、作業計画を策定」するとされ、これまでのトラクタが作業機を付け替えることで播種、耕うん、防除などの作業に対応してきたことに加え、これからは農業生産に関するあらゆる情報も駆使する「知能化農機」としての機能することが期待されます。

②　収穫ロボット

農作物の収穫は最も時間や手間を要する作業のひとつであり、その負担を軽減するために収穫ロボットの開発が進みつつあります。収穫ロボットには、収穫対象を認識して得られた位置情報により、収穫から搬送までを自動で行う機能が付いており、無人作業により作業効率が上がります。人手不足の解消への期待が大きい収穫ロボットですが、次にあげる3つのタイプがあります。

ⓐ　既存の収穫機を画像センサ情報により自動で走行させるようにしたもの
ⓑ　果樹などにおいて果実を認識して専用のロボットハンドで収穫するもの

ⓒ　従来の収穫方法によらない方式で収穫するもの（作物を揺すって実を落とす方式など）

収穫ロボットのうち、ⓐの方式は、米をはじめとしてジャガイモなど専用の収穫機が広く使われており、比較的高能率で作業が行えることから、稲作におけるロボットコンバインのように技術的には実現し製品化もされていますが、広く普及という段階には至っていません。

果実を収穫するロボットであるⓑの方式は、後述するイチゴ収穫ロボットで詳しく紹介しますが、ロボットが走行して移動する条件として地面の凹凸などがあり、収穫の精度や効率に影響を与えます。園芸施設内にワイヤーを張り、それに吊り下がって移動するタイプのロボットも開発されていますが、実用化に向けては課題があります。

図 3-2　定置型イチゴ収穫ロボットと循環式移動栽培装置

作物を揺すって収穫する方式が代表とされるⓒの方式は、海外の一部の果樹で採用されていますが、生食用として外観品質が重視される日本での適用は難しいとされています。

イチゴの収穫ロボットはⓑの方式に該当しますが、日本において既に実用レベルのものが開発されています。2000年前後からイチゴの高設栽培（ベンチ栽培と呼ばれることもあります）の普及が進み、ロボット収穫を適用しやすい環境となりました。その高設栽培を吊り下げ式のベッドで行い、しかもベッドを左右に可動させてロボットが作業に入る通路幅を確保できるようにした方式の適用が試みられました。最終的にはイチゴを栽培しているベンチを循環移動させて、固定されている収穫ロボットのところに動かすことで自動収穫を実現する方式で製品化が図られました。イチゴ専用であることや導入コストの問題もあり広く普及するという段階には至っておりませんが、技術的にはほぼ完成しているといえます。

収穫メカニズムの特徴として、腕に相当するマニピュレーター、手に相当するエンドエフェクターで構成されていますが、イチゴの果実は1本の果柄に1個ずつぶら下がっており、大きなものでも50g未満であることから、それを収穫するためのマニピュレーターは小型軽量のもので十分です。一方で果実は軟らかいため、人が収穫するときでも簡単に押し傷がつくことから、エンドエフェクターは2本の指で果柄をつまみ、その上を切断することで収穫する機構を採用しています。

収穫ロボットの他には、2種類の苗をつないで1つの植物として育てられるようにする「接ぎ木」ロボットのように設備型ロボットとしてすでに普及しているものがあります。果樹や野菜、特に果菜類で広く用いられている接ぎ木は、穂木と台木を接ぐことにより、元の植物にはない特性を与える栽培技術です。果菜類では、土壌伝染性の病害や連作障害を回避するため、栽培して果実を収穫するための品種を穂木として利用し、地面に植え付ける台木には病害抵抗性を有するものを使用します。人の手による作業でも正確に接ぐには熟練を要するとされていますが、２０００年代に開発された接ぎ木ロボットは、人は穂木と台木を供給するだけで、穂木は子葉の下の胚軸を斜めに切断し、台木は子葉の片方と生長点部分を斜めに切り落とし、それらの切断面どうしを合わせて接合します。人の作業と同様に接合部をクリップで固定することができます。

ちなみに、接ぎ木ロボットはウリ科のキュウリ、スイカ、メロンに適用できるものが開発されました。開発当時でこれらの果菜類で約30％の面積を占め、スイカでは90％以上の苗が接ぎ木であるため、早急な機械化が求められていました。また、当時は育苗技術においても技術改良が進み、苗箱に種子をばらまきして育苗を行う方法から、樹脂製の枠で土壌が小容量に区切られたセルトレイを利用した「セル成型苗」が普及し、苗の大きさのそろいが良いものを利用できるようになりました。また、接ぎ木は一種の外科手術のようなものであり、術後の回復のため温湿度条件が安定した環境で養生を行わなくてはなりませんが、恒温恒湿槽を利用した「苗テラス」のような装置が普及し始めていたことから、90％以上の高い活着率を確保できるようになりました。

③　ドローン（ＵＡＶ）

ドローン（Unmanned Aerial Vehicle：ＵＡＶ）は、近年スマート農業関係で最も注目を集めた機材です。「スマート農業実証プロジェクト」でも多くの拠点で導入されました。２０１９年には69か所の拠点で実証が開始されましたが、そのうち40か所以上で農薬や肥料を空中散布する病害虫防除・施肥作業の他、作物生育などを空撮画像で収集するモニタリング関係で利用されました。

最も注目されている農薬散布については、ドローンの機種にもよりますが薬液の積載量は10kg程度であるため、濃厚少量散布という従来とは異なる形で散布を行わなくてはなりません。麦の赤かび病防除では、一般的に行われている乗用型の管理機による従来型のブームスプレーヤ（4～10m幅で薬液散布が可能）散布では10ａ当たり１００リットルの薬液を使用するのに対し、複数の回転翼を有するマルチ

図 3-3　マルチコプタータイプドローンによる農薬散布

出典：農研機構（西日本農業研究センター）

コプタータイプのドローンでは０・８リットルの使用となります。作業時間については、20枚に分かれた約３haの水田にブームスプレーヤでは２人の組作業で６・72時間を要したのに対し、ドローンでは監視のための要員も必要となり３人の組作業となりますが、２・47時間にとどまることを明らかにしています。つまり人数を考慮しても45％の作業時間削減効果が得られます。作物によっては新たに農薬登録を取らなくてはならないケースもあることから、すぐに全ての作物に使えるまでには至っておりませんが、農薬登録に必要な試験の簡略化なども行われて、徐々にドローン散布で使用できる農薬の種類が増えてきています。なお、「農薬登録」とは、農薬取締法によって、特定農薬を除くすべての農薬はその効力、安全性、毒性、残留性などに関する試験成績を提出して審査を受け、農林水産大臣の承諾を取得することです。登録を受けていない農薬は、日本国内では製造、販売、使用ができません。

現在でも水稲を中心に有人ヘリコプターによる農薬の空中散布が３万haほど行われています。一方で、無人ヘリコプターによる散布は２００３年に有人航空機を逆転し、現在では１００万haほどの散布に使用されています。なお、無人ヘリコプターや無人マルチローター等の無人航空機を使用して農薬等の空中散布を行う場合には、危険物の輸送や物件の投下に該当することから、航空法に基づき、あらかじめ国土交通大臣の承認を受ける必要があります。ドローンの実際の運用に当たっては、自律飛行の能力が向上し、特段の操作を行わなくても高度の維持や着陸動作を安定して行えるようになりましたが、バッテリ装着時の固定が不十分であったり、ローターの破損の見過ごしがあったりするなどの原因で少なからず墜落事故が発生しています。空中を自動車並みの速度で移動する機械であることから、機体整備や周囲の安全確認は十全に行う必要があります。なお、飛行時間はバッテリ駆動のものはおおむね30分程度ですので、それに合わせた飛行計画を立てて対応することになります。

空撮画像については、精密農業の項でも触れたように、１９８０年代から衛星画像などを利用した作物の生育診断技術として研究開発が進んできました。作物の生育状況を把握するため、生育の良い作物体は近赤外の波長の光を強く反射するという特性を利用して、異なる光の波長の画像からＮＤＶＩという植生指数を算出して生育の良し悪しの判定が行えます。植生指数は、植物による光の反射の特徴を生かし植生の状況を把握することを目的として考案された指標のことです。これらの波長計測が行えるマルチスペクトルカメラの小型軽量化が進み、人工衛星や航空機だけではなくドローンにも搭載可能となっています。最近では作物の生育情報だけではなく、土壌の水分や肥沃度情報のモニタリングや病害検出にも活用され始めています。今後は異なる機種で得られた画像情報を相互に比較できるようにする取組みも重要になります。

その他、ドローンは農地状況を広域に把握することに活用されています。とくに災害時に特徴的な取組みとして注目されることが多いです。２０１６年の熊本地震においては、多くの水田に凹凸（不陸）が生じたため、そのままでは水田として使うことが困難になりました。凹凸の場所とその高低差を計測

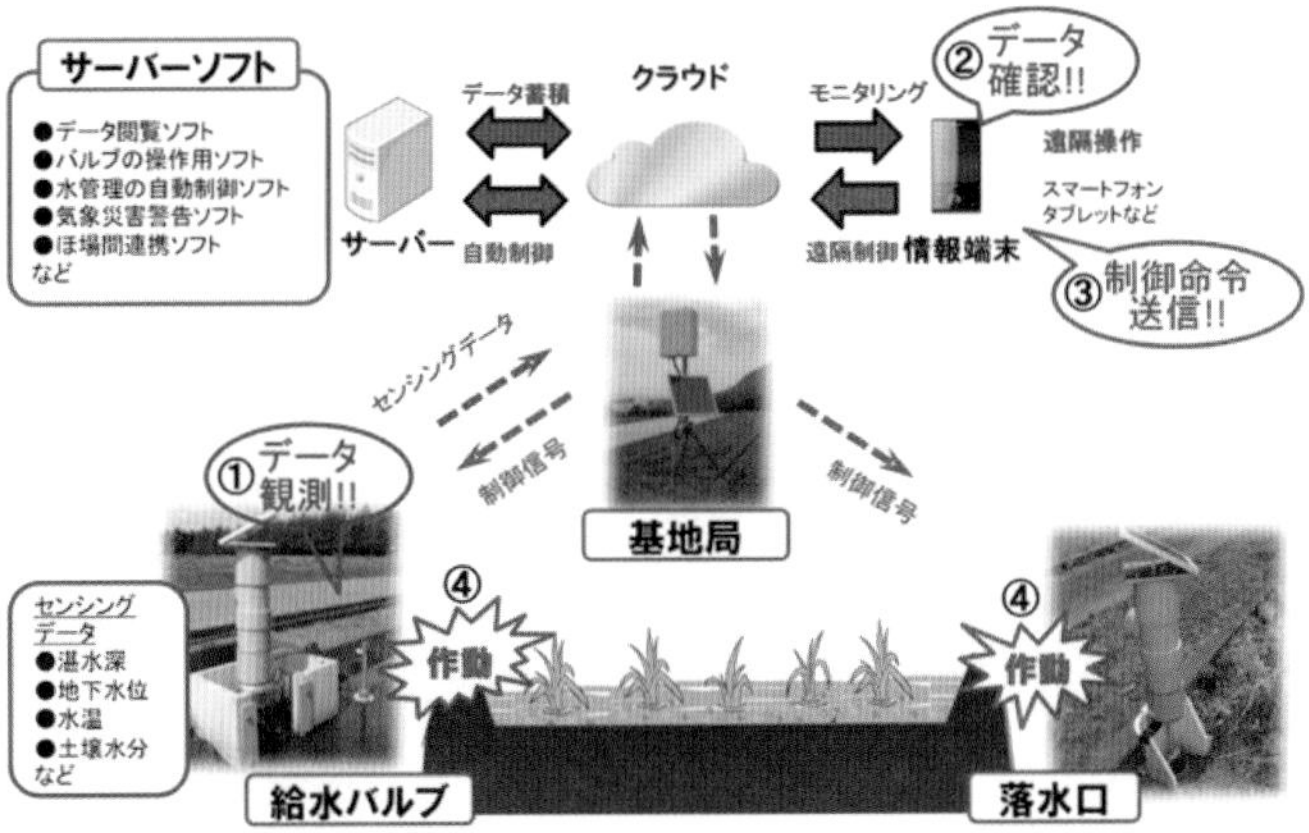

図 3-4　SIP で開発された自動水管理システム
農研機構プレスリリース（研究成果）田んぼの水管理を
ICT で遠隔操作・自動制御

出典：https://www.naro.go.jp/publicity_report/press/laboratory/nire/076704.html

するため、10数万円と比較的安価なカメラ搭載タイプのドローンを使用した計測技術が開発されています。十数haまでであれば本格的な航空機の空撮による測量よりも効率的な計測ができます。

④　自動水管理システム

日本人の主食ともいえる「米」のほとんどは、田んぼに水を張った「水田」に苗を植えて育てます。こうした栽培方法を「水稲《すいとう》作」といいます。水稲作関係の作業時間は大幅に減っていますが、水田の水を管理するための見回りの時間は減っていません。この省力化には、水田の給水・排水を自動で行ったり、端末などで遠隔操作できたりする「自動水管理システム」の導入が有効です。いくつかのシステムが既に普及し始めていますが、80％ほどの作業時間削減効果が得られています。戦略的イノベーション創造プログラム（SIP、内閣府）で開発された自動水管理システムは、水田の給水と排水の遠隔操作ができ、設定した水位に自動的に制御できます。パイプラインによる水管理を行っている大規模水稲農家を中心に、クボタケミックス社が「ＷＡＴＡＲＡＳ」（ワタラス）として展開を進め、すでに１０００台を超える普及実績を上げています。

その他、パイプラインではなく、開水路で使えるシステムとして、農業ベンチャー農匠ナビ社が提供する「農匠自動給水機」や、笑農和社の「ｐａｄｉｃｈ（パディッチ）」などがあります。農匠自動給水機は、水田に水を入れる水口に装置を取りつけ、装置の昇降管を上下させることで止水と給水を行う簡単な仕組みで給水を行えます。通常時は水路の水面よりも高い位置に管を上げていることで水田に水が流れ込まないようになっており、管の口径を１５０㎜と大きくしていることで速やかな給水が行えるとともに、水路のゴミなどが詰まりにくくなっています。

パディッチは、開水路と水田の間の止水板を人手で取り外して給水と止水を行っていたものを、水門のように自動で上げ下ろしする装置になっています。両方の装置に共通しているのは、水位センサと連動しているので自動的に水位の制御を行えるところにあります。パディッチの方はスマートフォンで水位を遠隔操作できめ細かに制御することができます。

最近注目されているのは、水田からの温室効果ガス「メタン」の発生を抑える取組みへの活用です。水田に水を溜めている間は、土壌中の微生物が有機物を嫌気条件（酸素のない状態）で分解する際にメタンが多く発生します。これを「中干し」と呼ばれる生育後期に一定期間水を抜く栽培管理で、通常2週間とされているものを1週間ほど延長することで、メタンの発生量を減らすことができるとされています。また、センサで検知することによって、水を抜いたり、再び湛水したりすることを繰り返すことで、

郵便はがき

63円切手を お貼り下さい

1 6 0 - 0 0 1 2

(受取人)

東京都新宿区南元町４の５１
(成山堂ビル)

㈱成山堂書店　行

お名前	年　齢　　　歳 ご職業
ご住所（お送先）（〒　　－　　）	1．自　宅 2．勤務先・学校
お勤め先（学生の方は学校名）	所属部署（学生の方は専攻部門）
本書をどのようにしてお知りになりましたか A. 書店で実物を見て　B. 広告を見て（掲載紙名　　　　） C. 小社からのＤＭ　D. 小社ウェブサイト　E. その他（　　　　）	
お買い上げ書店名 市　　　町　　　書店	
本書のご利用目的は何ですか A. 教科書・業務参考書として　B. 趣味　C. その他（　　　　）	
よく読む 新　　聞	よく読む 雑　　誌
E-mail（メールマガジン配信希望の方） @	
図書目録　　送付希望　・　不　要	

—皆様の声をお聞かせください—

成山堂書店の出版物をご購読いただき、ありがとうございました。今後もお役にたてる出版物を発行するために、読者の皆様のお声をぜひお聞かせください。

本書のタイトル（お手数ですがご記入下さい）

■ 本書のお気づきの点や、ご感想をお書きください。

■ 今後、成山堂書店に出版を望む本を、具体的に教えてください。

こんな本が欲しい！（理由・用途など）

■ 小社の広告・宣伝物・ウェブサイト等に、上記の内容を掲載させていただいてもよろしいでしょうか？（個人名・住所は掲載いたしません）

はい ・ いいえ

ご協力ありがとうございました。

（お知らせいただきました個人情報は、小社企画・宣伝資料としての利用以外には使用しません。25.4）

図 3-5　農作業の軽労化に貢献するアシストスーツ
農林水産技術会議事務局　成果集 - 令和２年度版より
出典：https://www.affrc.maff.go.jp/docs/project/seika/2020/r2_seikashu_08.html

より効果的にメタンの発生を抑えることができますが、この水管理の操作を自動化することが重要です。

⑤　アシストスーツ

『スマート農業技術カタログ』（農林水産省）の「自動運転・作業軽減」の項目で整理されている中に、「アシストスーツ」があります。農作業で負担が大きいのは、肥料などの資材や収穫物の移動「マテリアルハンドリング」とされています。ここでは作業を行う人自身の労働負担を直接軽くする手段としての「アシストスーツ」を紹介します。

アシストスーツは、重たい荷物の荷下ろしや、重たい物を持った状態での作業などの際に、ゴムの反発力などを利用して体への負担を軽減してくれる「着る」農具です。なかでも、パワーアシストスーツは、電気の力を利用するもので、身体に装着して農作業の支援のほか、リハビリなどの身体機能の改善・治療にも使われています。２０１６年には世界で約16万台が出荷されたとされ、今後も販売が伸びる分野とされています。日本ではロボット政策の一環として、経済産業省と厚生労働省が「ロボット技術を用いて介助者のパワーアシストを行う装着型の機器」の開発に対して2012年以降重点分野として取り組んでいます。この一環として、生活支援ロボットの安全性に関する国際規格であるISO13482の策定につながっています。

農林水産省関係では、略称で「アシストプロ」とも呼ばれ、2010年度から5か年で実施された「農作業の軽労化に向けた農業自動化・アシストシステムの開発」の中で、小型除草ロボットと並んで農作業に適したアシストスーツの開発が進められました。作業時にもっとも負担のかかる「腰」をアシストするもので、「持ち上げる」ことに重点を置いています。これは電動モータを利用したものですが、その他にもゴムなどを利用することによって、無動力で動作時の重さを支えるものまで複数のタイプが市販化に至っています。農業では野菜作を中心に機械化が進んでいない作業がまだまだ多く人手に頼らなくてはならないことから、そのような場面で活躍するアシストスーツへの期待は大きいといえます。

作物別の事例

ここでは、それぞれの作物の特性に合わせてスマート農業技術を用いた事例を水田作、野菜作などに分けて紹介します。2019年から開始された「スマート農業実証プロジェクト」は国内69か所で実施されました。

①　水田でのスマート農業技術

2018年までの「戦略的イノベーション創造プログラム（SIP）」において、水田作を中心にスマート農機の開発・実用化が進みました。ロボットトラクタや自動運転田植機を導入することで、平坦地の大規模家族経営において、２か年で30haから60ha規模に拡大しても作業能率の向上で対応できることが明らかになっています。規模拡大により所得は１・５倍に増加し、２０２１年の作付は１００ha規模の経営に拡大しています。

１５０ha規模の法人経営（茨城県の横田農場）のケースでは、食味・収量コンバインによる水田ごとの収量データを活用して、ほ場ごとの品種の見直しを行いました。田植えの時期や栽培期間を分散させて単位面積当たりの労働時間を20％減らし、経常利益を１・５倍に拡大させました。また、プロジェクトの開始前は売上に対する経常利益率が17％であったものが、24％に向上しています。

その他、滋賀県のフクハラファームの実証では、規模拡大の一環として自ら土木工事を行い、隣接する水田の畦畔《けいはん》（田畑を区切るあぜのこと）を取り除いて、通常は20～30ａで区画整備されている水田を１haほどの区画まで広げて、作業の効率化を図っています。

中山間地域でも食味・収量コンバインを活用して成果を上げている実証拠点があります。その他、特徴的な取組みとしては、水田畦畔の除草作業にリモコン式草刈機を適用しているところが多くあります。中山間地域は比較的小さな面積の農地が畦畔で区切られており、傾斜地ではその畦畔が法面（盛土などによって人工的に作られる斜面）として大きな面積を占めることから、その草刈り作業に多くの労力を要することになります。これまで人が刈払機を使って草刈りを行ってきましたが、高齢化が進み、年間で３～５回行う草刈りが大きな負担になってきています。

プロジェクトでは、複数メーカーのリモコン式草刈機が導入され、草刈りの省力化や安全性の向上に

図 3-6　スマート農業実証プロジェクトで導入されたリモコン式草刈機の一例

左上：三陽機器 AJK600、右上：クボタ ARC-500、左下：アテックス RJ700、右下:ササキコーポレーション RS400+M700（スマモ）

有効であることが確認された一方で、畦畔の状態によっては必ずしも十分な性能を発揮できないケースや、刈払機に比べてコストパフォーマンスが低いと指摘されるケースもありました。普及を進めるためには、実際に使う人が適用場面や草刈機の性能に応じて最適な条件で使えるようにするとともに、ロボット技術の導入も進めつつ、コストと使い勝手を両立した草刈機の登場を期待したいところです。

② 畑作・露地野菜でのスマート農業技術

露地野菜のスマート農業技術導入については、多様な品目を扱うことから、収益向上効果の検証は難しいとされています。宮崎県の新福青果の実証では、自動操舵補助トラクタにより、直線かつ等間隔での植付けが容易にできるようになったことから、精度が要求されるニンジンの播種やその後の農薬散布などの機械作業につ

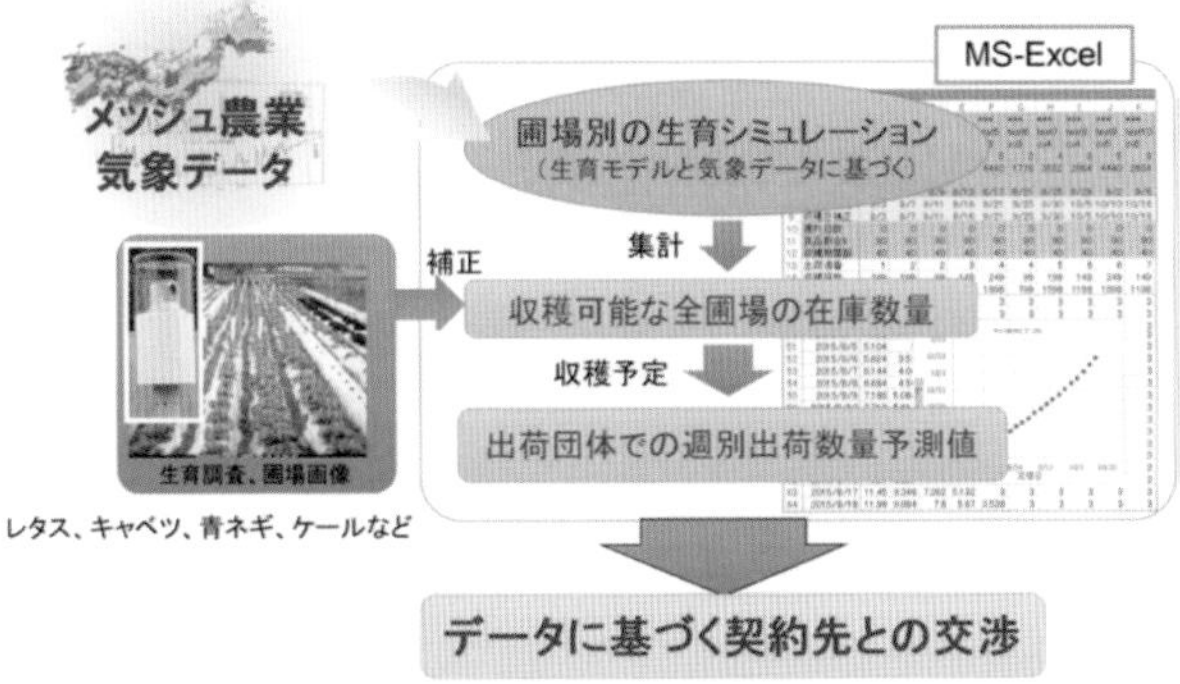

図 3-7 露地野菜出荷予測アプリケーションの概要

出典：2018 年　農研機構（農業技術革新工学研究センター（現　農業機械研究部門））

いて、経験の浅い職員を参画させられるようになりました。非熟練者の活用が拡大したことによる効果が顕著に現れた事例です。

また、サトイモでは要員配置の見直しを図り、適期作業が実施できるようになったことで大幅な収量向上につなげています。同法人はプロジェクト前からタブレット端末を使用した作業記録を取っていましたが、現場担当者はデータ入力に多くの時間を要していました。これを現場担当者は紙ベースのシートをチェックするだけの簡易なものとし、それを別途事務担当者が入力、クリーニングしてデータベース化する方式に変更することで、現場担当者のデータ入力時間を90％以上削減することができるようになりました。

露地野菜は、その時々の気象変動の影響により需給のミスマッチが生じ、価格維持のための産地廃棄のほか、収穫遅れによる規格外品の多発が原因の廃棄が生じることがあります。施設園芸では、環境制御と組み合わせた収量予測システムが展開され始めていますが、露地の畑作や野菜作でも生育状態をモニタリングすることで収穫適期を予測し、出荷時の

図 3-8　トマト栽培を行う施設園芸の例

左：雨よけハウス、右：太陽光利用型植物工場

廃棄ロスを減らす精密出荷予測システムの開発と実証が行われています。葉ネギの他、キャベツやレタスについて、全国的に取り組まれており、まずは加工・業務用での需要に対して適用が拡大していくとみられます。

③　施設園芸でのスマート農業技術

プラスチックハウスなどの施設を用いて農作物の生産性や品質を向上させる栽培方法を「施設園芸」といいます。温室と呼ばれることもありますが、単に温度を高めるだけではなく、強風や降雨などの外部気象の影響から農作物を守る役割もあるとされています。単に屋根のみを被覆した雨よけハウスから、施設内で温度や湿度、二酸化炭素の量などの栽培条件を人為的に操作・管理できる先進的なものまで、多様な形態が存在します。施設の設置や利用にあたっては費用や手間はかかりますが、露地での栽培では端境期であった時期に収穫が可能となり、周年での収穫量の増加や安定化を実現できます。この施設園芸のうち、環境要因のほぼ全てを人工的に制御して野菜等の生産を行う方法を「植物工場」といいます。

図 3-9　苗生産から栽培まで一貫して対応する植物工場

日本の施設園芸面積は、１９９９年の５・３万haをピークに２０２０年には４・１万haと20%以上も減少しています。一方で、１ha規模を超える大規模施設園芸の経営体数は増加しています。しかし、これらを含む植物工場（太陽光利用型）や複合環境制御装置を導入した施設園芸の面積は３％にもとどいていません。施設園芸先進自治体である高知県においては、オランダの最先端技術を取り入れた「高知県Ｎｅｘｔ次世代型施設園芸農業」、ＩｏＰ（Internet of Plants）を推進しています。これは、先進的な次世代型ハウスにおいて検証された環境制御技術を、すそ野にあたる従来型のハウスで活用するとともに、環境制御技術などで関連産業や人材育成を図るプロジェクトとして、２０１８年以降取り組まれています。このような取組みが今後の日本における施設園芸の維持・拡大のモデルケースとなることが期待されます。

その他、施設園芸での日本ならではの取組みとして、簡便・安価なＩｏＴ技術「通い農業支援システム」を紹介します。

東日本大震災の営農再開地域では、生産者が管理するハウスが離れた場所にあり、その中の状況を毎日確認する作業が大変でした。そのため農研機構では、ハウス内に設置した計測器の情報を、生産者の自宅や、事務所のＰＣやスマートフォンに自動で通知するシステムを自作する方法を提供することで、確認作業の簡略化を図りました。

また、比較的低価格な「温湿度データロガー」（温湿度を指定した時間間隔で測定記録してデータを表計算ソフトなどに出力できる機器）を活用して、気象観測専用で用いられている通風式放射よけの温湿度計並みの機能を低価格で実現しました、商用電源がない簡易施設でも利用可能な環境計測システムの作成方法も提供しています。本格的な環境モニタリング装置を導入しなくても、施設園芸生産に使えるシステムが普及してきているといえます。

また、民間ベースでは、気象データをもとにハウス内の環境設定条件や作付条件を設定すれば、日別収穫量を予測するシステムがトマトなど限られた品目を対象に提供され始めています。オーガニックｎｉｃｏ社の収穫量予測システムでは、有機野菜生産をデータに基づく栽培管理で対応するものとして、土壌診断や環境制御と組み合わせて収量向上と安定化に取り組んでいます。有機野菜だけではなく、施設園芸関係で幅広く活用されることが期待されます。

その他、局所適時環境制御という考え方も実証されています。イチゴの生産では、冬季になると室温を確保するため、閉め切って管理することが多くなりますが、そのため光合成に必要な二酸化炭素の量が不足しがちになります。これを改善するために、ハウス内に炭酸ガスを入れて二酸化炭素の濃度を高めることで光合成を促進させる栽培管理方法が普及しています。炭酸ガスはガスボンベで購入して施用する方法もありますが、多くの場合はハウスを温めるための燃料を燃やした時に発生する二酸化炭素を利用する燃焼方式が使われています。これを植物体の近くに施用する形にすれば、より少ない施用量で促進効果が得られ、結果として燃料削減を図ることができます。また、曇や雨天時には光合成があまり

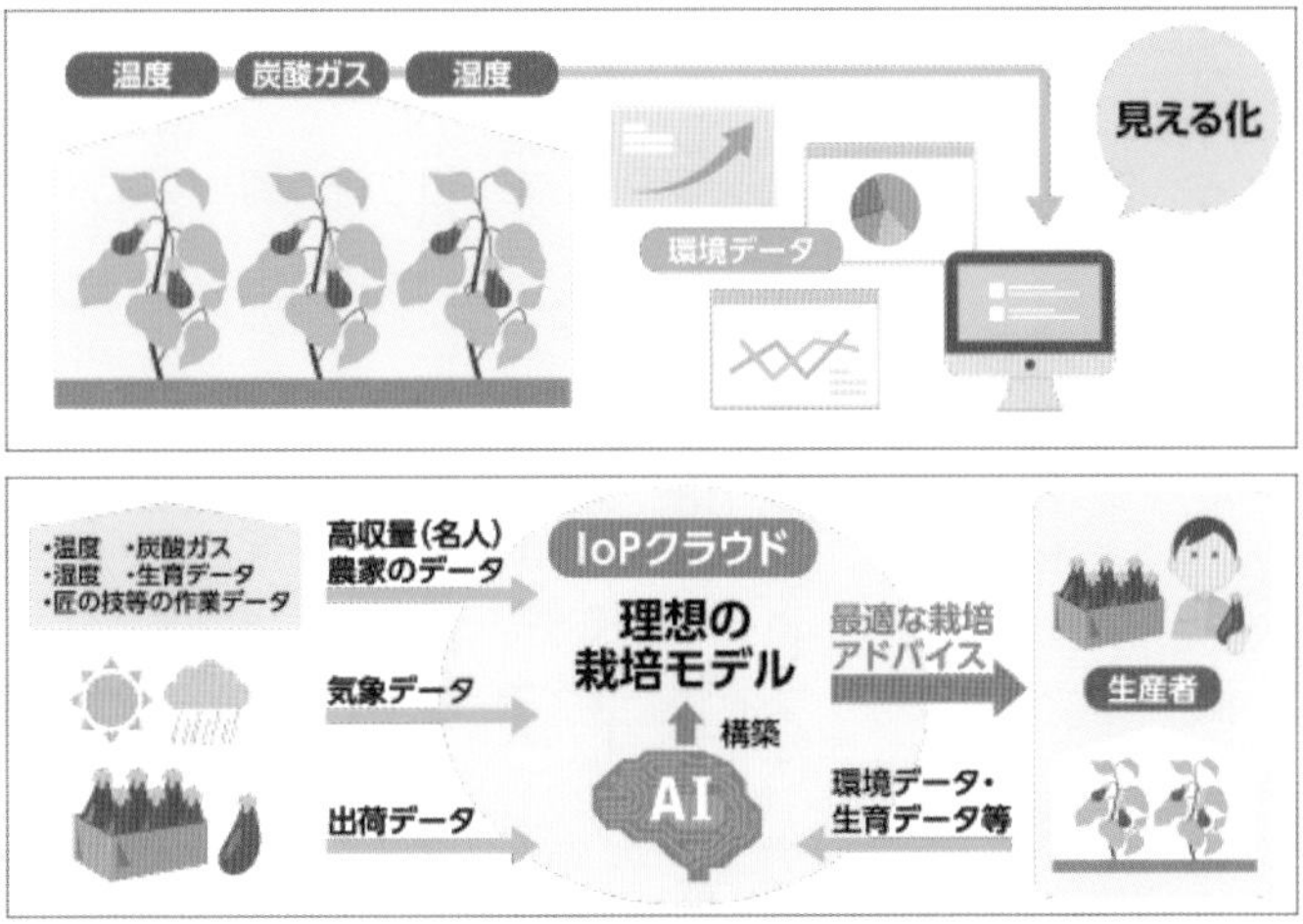

図 3-10　Next 次世代型施設園芸農業の展開（高知県）

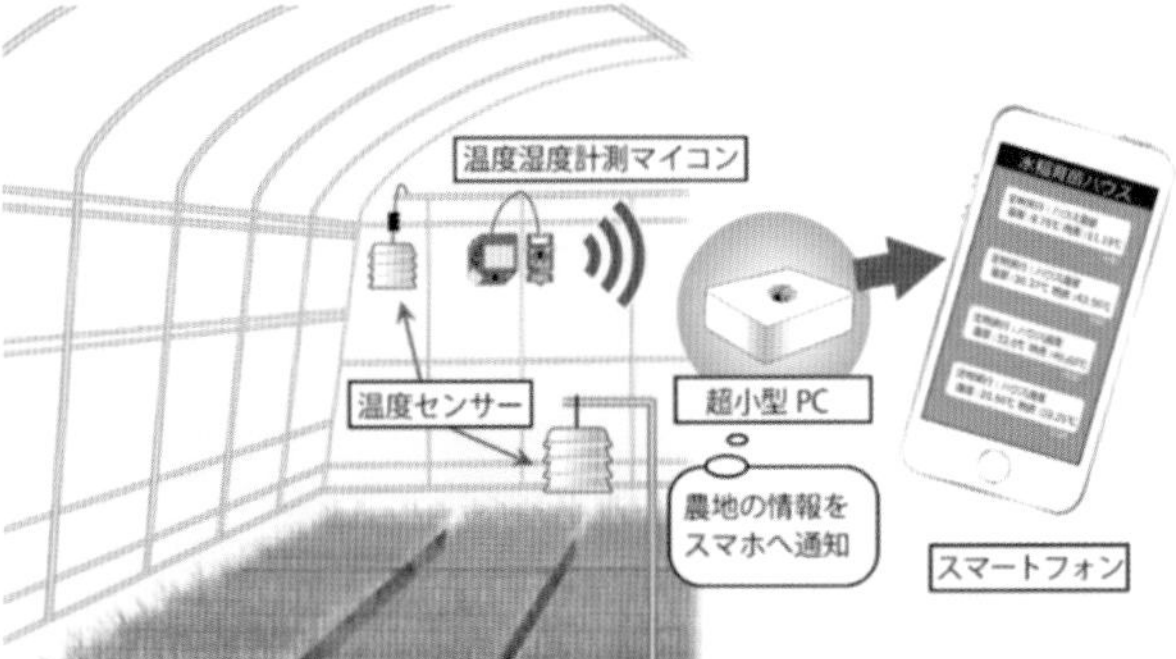

図 3-11　安価かつ簡便にハウスの遠隔監視に使える
通い農業支援システム

行われないことから、濃度を上げても効果が低下するので施用を停止しても構いません。「スマート農業実証プロジェクト」のＪＡ阿蘇いちご部会の実証例では、30％程度の燃料削減効果を得ながら、20％程度の収量増加を実現しています。今後はこのような技術の普及が期待されます。

また、大規模施設園芸においては、統合環境制御システムや生育・収量予測ツールを導入して、より高度な環境制御と生育管理が行われています。かつては施設内の天窓や暖房などの制御を別々に行っていたものを、統合環境制御システムではマイクロプロセッサを利用して連携制御を行います。また、施設内の気温、日射、二酸化炭素濃度等を生育・収量予測ツールに入力することで、生育ステージや収量を正確に予測することができます。「スマート農業実証プロジェクト」のトマトパーク（栃木県下野市）の取組みでは、農研機構の生育・収量予測ツールが労務管理にも活用されており、計画的な作付、収穫・出荷を実現しています。既に、日本における最高水準である10ａ当たり50ｔ以上の収量を得ていますが、さらに20％以上の増収を実現しています。労務管理の高度化を進めて、より収益性の高い経営を実現することが課題です。

④　果樹でのスマート農業技術

選果機データの有効性については、第2章でカンキツのブランド果実生産割合を高める取組みを紹介しましたが、ＡＩによる糖度予測手法の開発で次の段階に進んでいます。最近では、温暖化などの影響により毎年の気象の変化が大きくなり、作物の品質が安定しない一因となっているため、より早い時期から高精度に糖度を予測して、収穫・出荷時期の調整に活用し、低糖度が予想される園地に糖度を引き

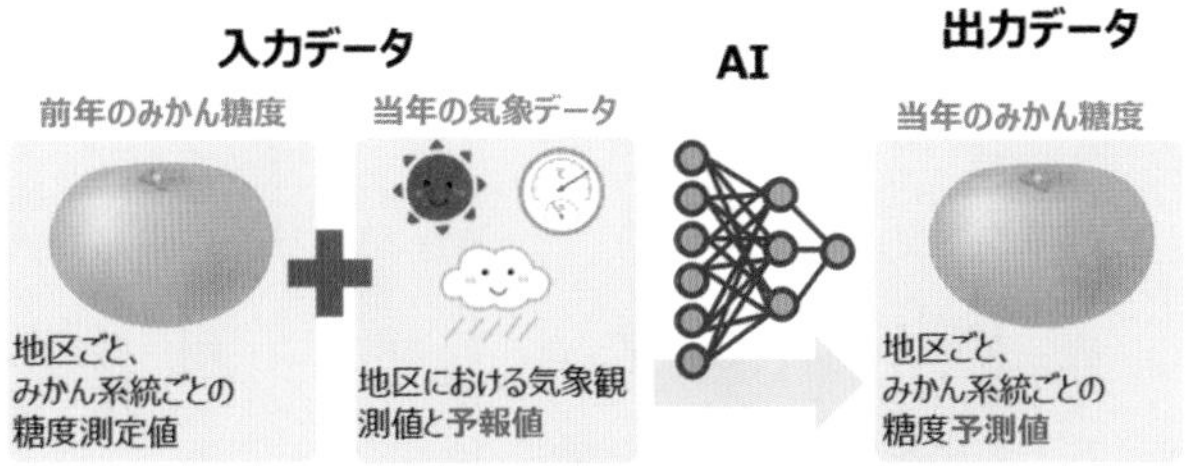

図 3-12　AI による温州みかん糖度予測
出典：農研機構 2020 年 3 月 6 日プレスリリース

図 3-13　カンキツにおけるマルチ栽培
生物系特定産業技術研究支援センター（こぼれ話 18）マルドリ方式で高収益のブランドみかんより
出典：https://www.naro.go.jp/laboratory/brain/contents/fukyu/episode/episode_list/137509.html

上げる管理を適用する判断を行う取組みです。

糖度の予測手法は、前年の糖度情報、当年の気象データおよび予報値を使用します。これらを入力データとしてAIに与え、当年の糖度を高精度で予測できる技術が開発されています。気象データには、気温、降水量、日射量、日照時間を用います。長崎県のJAながさき西海管内の地区・品種別で2009~2019年の糖度データを検証した結果、糖度の予測誤差の平均は0・5度となり、従来の予測誤差1度程度から改善されました。2019年の糖度予測用のAIは、2018年までの糖度をそれぞれの年毎に予測させて、その年の測定値との誤差を算出し、その誤差の2乗和が最小になるようにAIを再学習させ、再び糖度を予測して学習データを適切に説明できるよう導いたものです。

「スマート農業実証プロジェクト」における三重県のオレンジアグリの取組みでは、カンキツ類の生産に気象観測装置と自動給水システムを連動させることで、農業用のフィルムを使用して農作物を栽培する「マルチ栽培」により乾燥しすぎることによる樹勢の低下を抑えています。さらに、多目的スプリンクラーも活用して、果実に高温障害である日焼け果が発生するのを軽減できることも実証しています。その他、リモコン式草刈機の導入で除草作業時間を慣行に比べて平均で5分の1以下に減らし、ドローンによる農薬散布でも半分以下の時間で散布作業が行えるようになっています。実証生産者からは収穫作業の自動化の要望が出されていますが、これは今後の課題です。

⑤　茶でのスマート農業技術

日本最大級の茶園・製茶施設である鹿児島堀口製茶（鹿児島県志布志市）では、270haの経営面積を有する経営体として大規模スマート茶業一貫体系の実証が行われました。化学農薬・肥料だけに頼らず様々な防除方法を組み合わせて病害虫の被害を最小限に抑える環境保全型のＩＰＭ（総合的病害虫管理）農法をいち早く茶生産に取り入れ、それとスマート農業を組み合わせたスマートＩＰＭに取り組みました。残留農薬規制（食品に残っている農薬が一定量を超えた食品の製造・販売を禁止する規制）が日本よりも厳しい海外にも輸出可能な生産・加工体系を構築しています。プロジェクトの取組みでは、作物を育てるため畑へパイプラインで給水を行う「多目的スマート畑地かんがい装置」を適用していますが、土壌の乾燥を防ぐだけではなく、凍霜害の防止の他、クワシロカイガラムシなどの害虫防除にも

図 3-14　茶の乗用型摘採機を自動走行できるようにしたロボット摘採機

写真提供：農研機構（果樹茶業研究部門（角川修））

活用する技術を実証しています。

クワシロカイガラムシの被害は、幼虫が茶樹の幹内や枝に寄生して樹液を吸汁することで、新芽が伸びなくなり葉も黄化・落葉してしまい、被害が激しいと茶樹が枯死してしまいます。卵からふ化する時期に高湿度の環境に置かれると、ふ化が抑制されることから、実際の環境ではスプリンクラーの散水処理で対応しました。ふ化の時期を正確に予測して、樹冠内まで確実に濡れるよう散水することが重要で、そのために自動散水制御装置を使っています。

大規模茶園では、ロボット茶園管理体系として各種ロボット技術の導入も実証されています。収穫作業にあたる摘採作業については、乗用型摘採機を自動走行できるようにしたロボット摘採機が導入され、それをベースに茶樹の樹冠の形を整えるロボット整枝機も適用しています。樹冠をまたいで走行する茶園用管理機のロボット化も行い、それで枝を深く刈り込んで更新する「中刈り用ユニット」や、設定した量の肥料を散布する「精密肥料散布ユニット」を搭載して作業を行い、ロボット一貫体系を構築することで、作業時間が40％も削減されています。茶業では、茶葉の生産だけではなく加工にあたる製茶までの情報を連携させることが重要です。営農管理システムとしては「アグリノート」（パソコン、スマホを使って圃場や農作業などに関する情報を記録・収集できる農業経営に欠かせないツールの一種）が活用され、茶園管理情報の他、製茶施設の荷受けや品質管理情報を一元的に管理できるようにしています。

⑥　畜産でのスマート農業技術

１９９７年に日本で初めて「搾乳ロボット」が導入され、現在は３００戸の生産者で使用されています。搾乳ロボットに対応した乳牛の飼い方は、牧場の中の「放し飼い」が基本となります。搾乳ロボット自体は移動せず固定されており、乳牛が自発的に搾乳ロボットへ向かうのですが、乳牛が搾乳ロボットへ向かう動機づけのため濃厚飼料（炭水化物、タンパク質が多く含まれている）をセットにしています。平均的な数字としては1台の搾乳ロボットで50頭の搾乳を行いますが、1日当たりで２００回、２０００kg以上の搾乳を行う生産者も存在します。このように搾乳ロボットは、長時間の稼働を強いられることから、初期投資と合わせてメンテナンス経費・体制についても考慮する必要があります。一般に、畜産関係の設備投資は高額になるケースが多いとされていますが、搾乳ロボットについても導入に３０００万円程度、その保守・稼働に３００万円程度を要しますが、労力削減効果や搾乳量増加による収入増などにより、投資効果としてはプラスになるとされています。

図 3-15　搾乳ロボット

写真提供：農研機構（畜産研究部門（石田三佳））

日本では、酪農・畜産向けクラウドサービスが展開されています。ファームノート社が開発した「Farmnote Color」は、牛の首に装着したセンサ情報から、牛の活動、休息、反芻（一度飲み込んだ餌を口に戻し再び噛んでから飲み込むこと）に分けてグラフ化し、その変化から繁殖で重要な発情兆候、病気の疑いなどの検知を行っています。収集されたデータはクラウド上でAI解析され、検知情報はスマートフォンなどに通知されるようになっています。乳牛で発情を見逃して、種付けのタイミングを逸してしまうと人件費や餌代などで1回当たり約10万円の損失ともされています。管理する牛の頭数が増えると見逃す可能性が高くなり、熟練者でも情報を管理しきれなくなることから、見守りのほか、個体管理として欠かせないシステムです。

その他のロボットシステムとして、豚舎洗浄ロボットなどの開発も行われています。豚舎洗浄は、高圧洗浄機に接続して行われますが、農場での全労働時間の3分の1を占め、排泄物が飛散する環境など労働負担の大きい作業とされています。すでに外国製（スウェーデン）の豚舎清掃ロボットはありましたが、大型のため日本の中小規模の豚舎には導入が困難でした。また、比較的広くてシンプルな肥育豚舎と、小さくて狭い付帯設備が多い分娩豚舎とでは内部構造が異なることから、使う人目線でのシステム開発が望まれました。肥育豚舎用には伸縮式アームのシンプルな構造、分娩豚舎用には6軸アームで細かいところまでアプローチできる構造を採用し、いずれもロボットに洗浄動作を習得させることを容易にして使い勝手の向上を図っています。結果として、人が仕上げの洗浄を行う時間を70％近く削減できるようになりました。

コラム⑥　「アシストスーツ」に見る農作業軽労化の取組み

　人が行う農作業の中で身体的負担が大きい作業として、重量物の運搬作業があります。主に収穫物の運搬が対象となりますが、これを解決するために各種運搬車が開発されてきました。しかしながら収穫物を入れたコンテナの荷上げ、荷下ろしについては、結局人手に頼らなければならないケースが大半です。

　これらの作業の軽労化を図る装置として、「アシストスーツ」の導入が注目され、スマート農業実証プロジェクトでも園芸関係を中心に利用されています。農作業用スーツの多くは腰の負担を軽減するため、積極的に電動モータで動作をアシストするものから、空気圧を利用した「人工筋肉」でサポートするものまで多様な機種があります。

　電動モータでアシストする装置については、生体信号を検知するもののほか、脚と腰の角度変化やものを持ち上げるときの指の動作を感知するものなど、作業にともなう動きを妨げずにアシスト機能を発揮するような工夫がなされています。元々の用途としては、介護用として対象となる人を支えたりするところから開発された装置もあり、農作業でも比較的負荷の大きい複数のコンテナを持ち上げたりする作業に効果を発揮しています。さらに、人

コラム図４　温室内で農作業用空調服を着用しての作業

が持ち上げる動作に合わせて、積極的に電動モータで駆動されるウインチで持ち上げるタイプのものも市販されています。

電動モータを使用しないサポートタイプの装置については、農作業の中でも中腰姿勢で長時間にわたり収穫したり、草取りなどの管理作業を行ったりするときの腰への負担を軽減するのに効果を発揮しています。また、ブドウやナシのように棚下で長時間腕を上げた状態で行う、剪定や摘果などの作業があります。この作業に対応した上げた腕をサポートするアームの付いたベスト状のアシストスーツも市販されています。

身に着けて軽労化を図るという観点では、農作業用としての空調服の改良・利用がすでに２００８年頃に検討されています。空調服は作業着の腰の部分に装着されたファンで衣服内に空気を吹き込み、汗の気化熱で体温の上昇を抑制するものですが、炎天下の屋外や園芸施設内での作業を考慮し、作業着の生地にチタンを薄膜で蒸着させ遮熱性を向上させたものを適用して効果を確認しています。

3.2　農業データ連携基盤（WAGRI）

農業では、様々なデータの他、これまでの経験や勘なども利用し生産を行っています。担い手の高齢化が進み、新規就農者への技術継承がままならない状況では、あらゆる情報をデータ化して誰が見ても理解でき使えるようにするとともに、蓄積されたデータを収集・加工して利用できるデータ連携基盤を活用するなど、土壌や気象データと組合せて高度な生産を目指すことも重要です。

現代の農作業でも経験や勘、直感などに基づく知識、たとえば作物への肥料の与え方、病害虫の予防、摘果などで果実の数や形を整え見栄えを良くしたり、収穫時期の判断など熟練を要する作業については、まだまだ誰でも同じようにできるものとはなっていません。その樹がいつごろ植えられ、どのような気象条件下で生育し、そのベースとなる土壌の性質に合わせて養水分の管理を行った結果として品質や収量がどのように変わったのかなど、熟練者は膨大な情報が絡み合ったものを読み解きながらの管理を行っています。これは、教育システムとして対応することが可能ですが、熟練者の高齢化を考慮すればそれを支援するエキスパートシステムを用意することが重要です。現状では、情報投影機能が組み込まれた眼鏡型のウェアラブルデバイスであるスマートグラスを活用したシステムなどが提案されていますが、その効果が十分に得られるまでは未だ時間を要するとみられます。

一方で、収穫物から情報を整理する動きは成果を上げつつあります。日本の果樹生産などでは、農家で収穫された作物の大きさ、色、味などを検査選別する共同選果施設が導入され、農家の選果労力の代替や地域ブランドの確立に貢献してきました。２０００年頃からは、近赤外光を利用した果実の糖度などの品質を判別できるセンサが組み込まれた選果設備の普及が進みました。これにより、園地別での果実品質をデータとして取得できる素地ができたといえます。果樹でのスマート農業技術の項で示したように、前年までの糖度・気象データとＡＩによる予測を組み合わせることで、果実が太り始める時期に乾燥ストレスを与えて糖度を上げる栽培管理の要否の判断ができ、収穫時の糖度が園地ごとにどれくらいの分布になるかを事前に知ることができます。

日本においては民間ベースで各種農業用クラウドサービスが展開されていますが、それを連携させる仕組みづくりが重要とされています。２０１８年度までの内閣府の「戦略的イノベーション創造プログラム（ＳＩＰ）」において、日本独自の農業データ連携基盤（通称ＷＡＧＲＩ）が立ち上げられました。気象や農地、収量予測など農業に役立つデータやプログラムを民間ベースのクラウドサービスに提供するものです。農業データ連携基盤には、国などが公的な立場で集めた農地や土壌、気象などのデータベース情報が先行して搭載されています。それらをクラウドサービスで提供するＩＣＴベンダーが取り出せるようにするためのＡＰＩ（Application Programming Interface）の拡充を図ることが重要です。ＡＰＩとしては、農業気象データの活用に期待が寄せられています。気象データ自体は気象庁から発信されるデータですが、メッシュ農業気象データに変換することで、対象とする農地が含まれるメッシュの予測データも含めて用意でき、栽培管理の計画や、生育や収穫時期を予測するサービスを構築できます。

農地情報については、農業従事者の減少により大規模生産法人などに農地が集約する動きの中で、分散した多くの水田や畑の情報をどのように管理するかが課題となっています。日本でも１００ha規模の生産法人が珍しくなくなりましたが、３００~５００枚の水田などを管理しなくてはなりません。農地を集約する際には、地権者などとの利害調整も必要です。この土地利用調整を円滑にするため、パソコン画面上で動作する地図情報システム（ＧＩＳ）を活用した農地集約化支援システムが開発されています。フリーウェアのＧＩＳ上で動作させることができるシステムも公開されており、水田などの区画情報は農林水産省が整備した農地の区画情報公開サイト「筆ポリゴン」から入手して、それに耕作者情報などを追加してデータベース化することが可能です。耕作者が所有する水田などの情報をマップで表示することができ、その間の最短距離から分散度を算出することもできます。農地集約化の計画の立案に

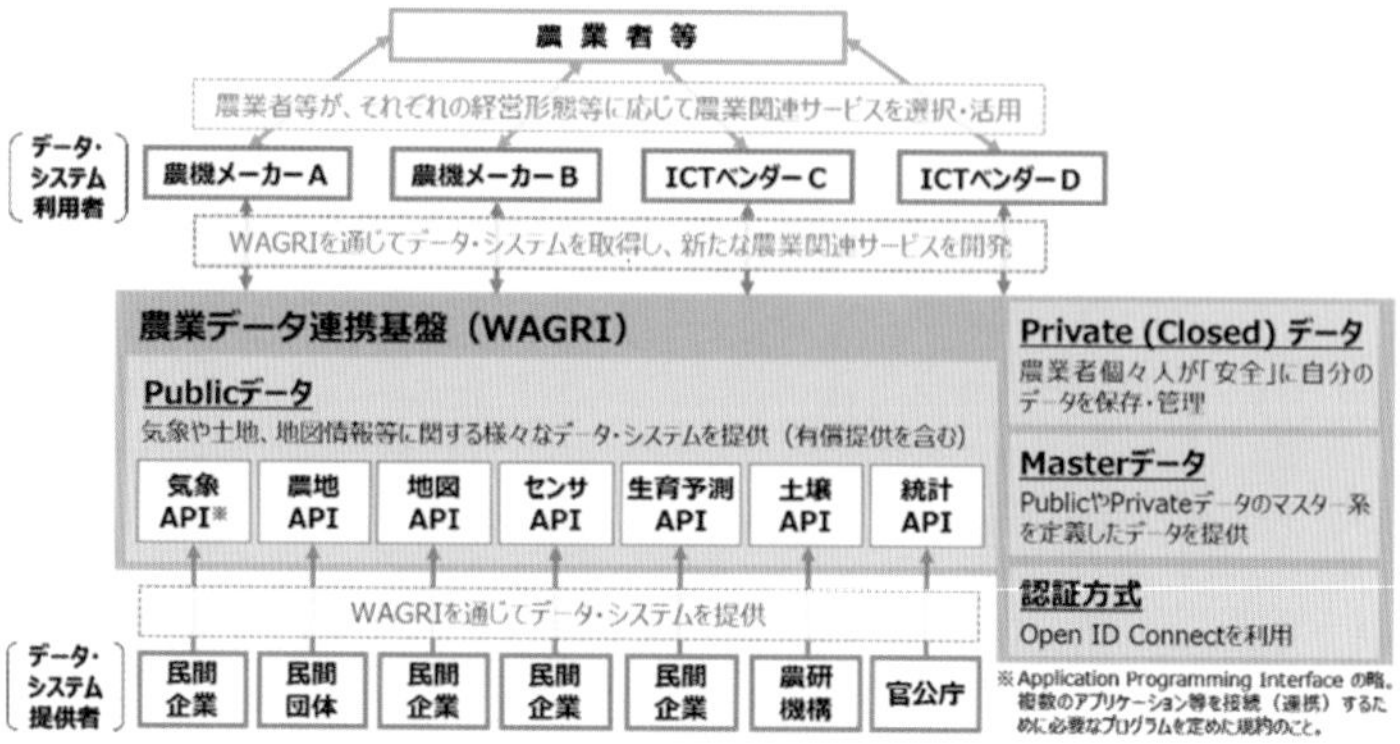

図 3-16　農研機構が運用する WAGRI の機能と構造

効果を上げており、このようなサービスも農業データ連携基盤を通して活用が進むことが期待されます。

3.3　各種農業支援サービス

農業支援サービスには、農業現場での作業代行、農業技術の有効活用、農業機械のシェアリング、現場への人材供給などがあります。

その中で、従来型の農業支援サービスから新たな展開が期待されるものとして、飼料作物生産があります。日本では畜産農家自身が飼料づくりまで行うには限界があり、海外からの輸入原料を中心にした購入飼料で対応することが多くなります。一方では、飼料自給率向上に向けた各種取組みが長年展開されてきました。その一つが飼料生産そのものを請け負うコントラクタ（作業請負者）の組織化です。日本では農地の集約化が進んでおらず、作業の効率性では海外に比べて劣ります。しかし所要動力が大きい作業が多いことから、今後のロボットトラクタの導入先として有望であり、専用収穫機や収穫物の運搬作業で

図 3-17 太陽光利用型植物工場の例

農研機構つくば

の連携利用などが期待されます。また、分散した農地に対して適期に作業を行い、適切な量の堆肥や肥料を投入するなど、営農管理システム（圃場、生産、作業の管理）の導入により自給飼料生産の効率化を図ることが重要です。

世界的な農業支援サービスとしては、韓国でオランダ型の施設園芸サービスが広く展開され、施設園芸面積世界3位（日本は4位）に貢献しています。現在は、韓国の園芸施設の規格化・国産化も進み、導入コストはオランダや日本に比べて低水準に抑えられています。日本になじみのある韓国産の野菜としてパプリカがあります。２０００年まではオランダからの輸入が主であったものが、２００１年以降は船便で対応できる韓国からの輸入が急増し、現時点では約8割を占めるとされています。韓国内の需要も同時期から高まり、オランダ製のフェンロータイプの施設と環境制御装置を導入し、定期的にオランダから指導員を受入れて産地形成を図った事例がありました。

施設園芸については、植物工場の事例がサービスとしての展開を検討する上で参考になります。植物工場は一般の施設園芸に近い太陽光利用型から、閉鎖空間でＬＥＤ等の光源で栽培を行う人工光型まで多岐にわたります。施設の整備と運用にはまとまった資金が必要で個人での対応は難しく、多くは農業以外の業種からの企業参入も含む法人経営で行われています。日本の植物工場は施設園芸面積の1％に満たないものですが、野菜を中心にした特定の品目では生産量のかなりの割合を占めるものもあります。周年安定した雇用を生み出す一方で、作業管理を行うサービスや生産物の加工サービスとの組み合わせが必要になることがあります。

オランダ型の施設園芸の多くは、太陽光利用型の植物工場に準じるものといえます。施設内の温湿度や炭酸ガス濃度などの環境を設定どおりに制御する複合環境制御のほか、作物育成に不可欠な給液管理が自動化されています。一部では日射量の不足を補うＬＥＤ等での補光設備も導入され、これにより高い生産性を確保しています。逆の見方をすれば、それだけの施設設備の投資が不可欠といえます。

日本でも前述したパプリカの他、業務用トマトなどは、大規模に整備された太陽光利用型植物工場での生産が定着しつつあります。２０１３年から２０１６年にかけて全国10か所で整備された次世代施設園芸拠点での取組みをみると、その狙いから２つの点が重要であることがみえます。まずは、施設内環境制御を行うためのエネルギー調達の観点で、地域内でより低コストで確保できる資源に着目しているところです。樹木の伐採や造材のときに発生した枝葉や、製材などで生じる樹皮や木くずなどの「木質バイオマス」を燃料として利用する加温設備などが多くの拠点で導入されています。販路の確保で大手種苗メーカーと連携して独自ブランドで流通させているケースや、加工業務用として安定的に出荷できる体制が組まれていますが、エネルギーや種苗のほか、肥料などの生産資材を調達するだけではなく、流通にもサービス網を構築しないと採算がとれません。

生産の下流で流通の前段階には、ポストハーベスト（選別・調製〈・加工・貯蔵〉）があります。加工・貯蔵は流通とセットで考えられるケースも多いので、サービス展開として選別・調製を中心に事例紹介をします。野菜や果樹などの青果物については、共同選果施設が産地のブランド力を高める観点から１９７０年代以降各地で整備が進みました。これにより、それぞれの品目で新たなブランド化がなされる一方で、大手流通の独自ブランドに対応した契約栽培も進み、おでん専用のダイコンなど、従来とは違うものさしでの規格化が行われるようになっています。定時定量出荷という観点では、産地の全国規模での連携、いわゆるリレー出荷も珍しくありません。今後の農業従事者の減少の中では、これらのサービスもスマート化を進めて活用することが重要です。

酪農における支援サービスとしてはヘルパー制度があります。制度導入前は、日々の飼養管理のため休みをとれない問題がありましたが、ヘルパー制度により酪農家は計画的に休みを取得できるようになりました。全国で1万４０００戸ほどの酪農家に対してヘルパー利用組合が２０１９年度で86・９％をカバーしています。そのうち38・４％が24日以上利用しているとされ、２００５年度の22・１％に比べて伸びており、酪農家が減少している中でもヘルパー必要員数は変わらず、非農家出身のヘルパーが増える状況で人材育成の重要度が増しています。これまでは、ヘルパーが対応できる仕事は限定的とされていましたが、発情検知など熟練を要する判断についても、検知システムが普及することで対応が容易になるとみられます。また、大家畜を相手にする仕事なので、ケガや事故にも注意する必要がありますが、そこにもスマート農業技術を活用する場面が出てくるかもしれません。

4 スマート農業の課題と対策

4.1 「スマート農業実証プロジェクト」等で明らかになった課題

スマート農業は、日本の食料生産の将来を担うことを期待される一方で、更なる効率性の向上を図りつつ、資機材のコストの低廉化が求められています。従来の新たな生産技術とは違う評価軸で、その効果を検証することが課題です。

「スマート農業実証プロジェクト」（農林水産省）では、労働時間削減を設定している実証拠点が多くあります。２０２０年度に「労働力不足の解消に向けたスマート農業実証」として24か所について1年間で短期集中的に実証を行った事例では、品目や導入技術により差があるものの、38～47％の割合で労働時間が削減されました。特に、農薬散布ドローンでは90％以上の削減効果がありましたが、日本での普及が進むためには適用可能な農薬の種類の拡大が求められます。それは、同じ成分の農薬でも散布方法が異なると農薬登録を新たに取得しなくてはならない場合があり、これが普及の阻害要因となることがあるからです。高濃度で少量散布を行うドローン散布については、近年農薬登録試験の簡略化が図られることで登録数が増えつつあります。しかし、野菜や果樹等はまだ少ないことから、農業用ドローンの普及拡大に向けた官民協議会などの組織で目標値を定めて取り組んでいるところです。

スマート農機等のコストは、ロボットトラクタでは通常のトラクタに比べ３割程度割高となりますが、無人作業が可能となる機能以外についてはほぼ同じです。したがって、現状の基準では有人監視条件下で動かし、道路の移動は人が操作しなくてはならないことから、省力効果が実感しづらく割高感が残ります。２０１８年から開始された「ＳＩＰ（戦略的イノベーション創造プログラム）」第２期の取組みでは、ほ場間移動と遠隔監視技術が２０２０年10月に富山市内の農業生産法人のほ場で実証されました。この段階の技術は、「農業機械の自動走行に関する安全性確保ガイドライン」でのレベル３に相当し、1人で複数台のロボットトラクタ等を運用できることから、飛躍的な効率化が期待され、スマート農機のシェアリング運用を加速する技術として期待されます。

従来の農業機械と同様にスマート農機等についても1人が対応可能な上限面積が存在します。一方で、ロボット農機については、前述した複数台運用や安全性を確保した上での夜間作業などを組み合わせることで、この上限面積を拡大することができ、1人当たりの生産性を上げることが可能です。併せて、従来の農業機械の稼働率の低さに対する検討も重要です。前述した横田農場では、１００haを1台の田植機で長年対応していました。兼業農家では、ゴールデンウィークの1週間足らずの間に集中して田植機を稼働させるのに対し、横田農場では7つの品種を組み合わせて、田植えを2か月間で分散実施し稼働率を上げることで田植機1台の運用を可能にしています。兼業農家の平均的な面積を1haとすれば１００倍の効率ともいえます。ロボット農機などの導入においても稼働率をいかに上げるかということ

図 4-1　遠隔監視で運用できるロボットトラクタ

出典：NAROchannel「ロボット農機の高度運用がもたらす日本農業の抜本的な効率化」

に留意する必要があります。

稼働率が上がれば、メンテナンスの問題が出てきます。農繁期の農業機械の故障、例えば収穫を行うコンバインの故障は収穫適期を外すことにつながります。そのため、規模が小さい農家でも複数台を所有するケースがあります。今後は農業従事者の減少にともない大規模化が進むことから、複数台所有は当たり前となります。緊急時の融通は可能になりますが、スマート農機の普及には一般の農業機械と変わらないメンテナンス体制の構築が望まれます。電子化が進んでおり、修理が容易でないケースも想定されますが、ロボットトラクタについては従来のトラクタと同様の対応が可能とされています。

最終的にスマート農業技術を導入した場合に、経営に与えるメリットとリスクを整理して取り組む必要があります。2021年までに実施された「スマート農業実証プロジェクト」の各経営データの分析結果をもとにした、標準的な技術導入指標や経営診断アプリの開発を行うことが求められています。それには、複数のシナリオのなかで、スマート農業技術の導入で重要視する項目に応じて、機器導入コストや運用コスト、想定される収量増加などを組み込み、省力効果や規模拡大効果も考慮した試算が必要です。スマート農業関連のデータ分析に長けた民間企業も出現していることから、相談しやすい環境が広がるとみられます。

4.2　農業機械の安全対策

農林水産省では、農作業事故の発生実態や原因を把握して安全対策の取組みを行っています。日本は、ロボット農機に関する安全性検査や、安全性確保に関するガイドラインの策定は世界に先駆けて対応しています。

２０２０年の農作業死亡事故は２７０件でした。他産業の労災は減少していますが、農業は、横ばい傾向です。建設業などの他産業では、雇用主が労働者の安全や衛生に対し責任を持ち、法人として自主的な安全衛生活動の促進が厚生労働省により規定されています。農業でも法人経営が増える傾向にはありますが、まだ家族経営が中心となっており、安全衛生活動が個人の責任での対応にとどまることが一因です。また、従事者の高齢化によって、若い頃のように農機の操作をスムーズに行えなくなったことや、身体的な衰えにより、事故につながることがあります。

農業機械には、トラクタやコンバイン、田植機などがありますが、事故が特に多いのはトラクタです。トラクタは、重心が高いのでバランスを崩しやすく転倒・転落につながります。とくに、ほ場の出入口や傾斜している場所では事故が起きやすくなります。事故を防ぐには、機械を動かす前や定期的な保守・

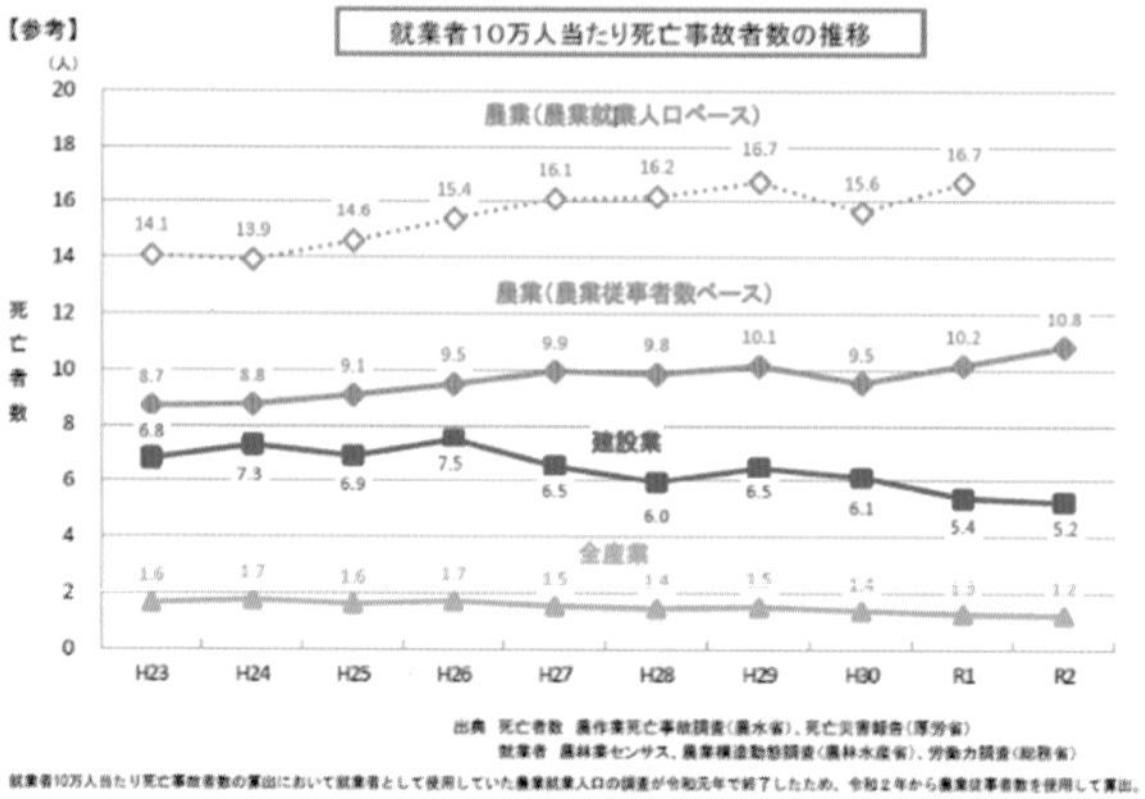

図 4-2　農作業死亡事故の推移

出典：農研機構（農業機械研究部門）の農作業安全センター掲載情報より抜粋

点検は当然ですが、体調管理や過去のヒヤリハットを忘れず常に安全を心がけることが重要です。

安全対策に向けた取組み

前述したように、日本では農作業死亡事故は毎年３００件ほど発生しています。これは10万人あたりで約16人の割合です。長年、農作業安全に関する啓発活動が取り組まれてきましたが、死亡事故を減らすためには、農業機械を使用する作業そのものの自動化・無人化を進めることも重要です。

２０１８年にロボットトラクタが市販化されましたが、これに先立ち「安全性確保ガイドライン」の策定が行われました。これはメーカーによる安全確保のための装備要件を定めるとともに、リスクアセスメント（リスクの特定・分析・評価）を適切に行うための手順なども示しており、市販の動きがある農業用ロボットに合わせて改定が順次行われています。直近では、ロボット小型汎用台車への対応を追加し、ほ場の中でロボットと人との接触が発生し得る原因と、その危険状態をリスト化しています。その危険状態を回避するための装備の検討や、実際に運用する際に留意すべき事項が網羅されています。その他、農業用ロボットの自動走行には衛星測位（ＧＮＳＳ）情報を使用するものが多いことから、その信号が受信できないときの対応も適切に行う必要があります。

一方で、農作業のうち収穫・調製作業を中心に、人が資材の補給や収穫物の選別など機械と協調しながら作業を行う場面はこれからも残ります。人と機械（ロボット）が協調して作業を行う上での安全対策、これは「協調安全」という考え方になり、人が機械に接触する可能性を考慮した機械や環境の設計が必要です。今後の機械開発やリスクアセスメントの確立において引き続き研究開発を進めなくてはならない事項になっています。

社会制度の中でスマート農業を位置づけていくには

スマート農業は、ロボット技術やＡＩ、ＩｏＴ、などを活用して農作物の品質向上、農作業の省力化を行う農業です。先端技術を活用することで様々なデータが収集され、効率化や収益向上効果を分析しています。実際に農業機械を使う農業従事者は、収集したデータを機械メーカー、行政などに提供しますが、安心してデータ提供ができるように環境を整備していく必要があります。農林水産省では、「農業分野におけるＡＩ・データに関する契約ガイドライン」（２０２０年３月）を策定し、スマート農機、農業ロボット、ドローンやＩｏＴ機器を導入する場合は、付随しているシステムサービス（ソフトウェア）の利用契約をガイドラインに準拠させることが２０２１年度から要件化されました。スマート農業の普及にはデータの利活用を促進する必要があることから、個人情報やノウハウの流出に留意しながら関係者が製品・サービスの開発や改良に取り組むことが重要です。
欧州では、欧州委員会が2021年4月にAI規制法案を取りまとめました。AIの活用により私たちの生活は便利になりましたが、一方では人権を侵害するリスクもあります。これを踏まえてEUでは、公共空間で行われるリアルタイムの生体認証のためのAIは原則禁止する方向に踏み出しています。グローバル化が進むなかで革新的なAI開発が阻害されるとの危惧が産業界から示され、AI倫理に関する議論が必要との指摘も出されています。スマート農業においても病害虫画像診断システムなどAIを活用し、商用サービスとして展開が始まりつつあるなかで、難防除病害虫被害の判定などは使用方法によっては、データの取得などに条件が付されるAIとして扱われる可能性があるかもしれません。このように、世の中のデジタル化の進展に合わせた各種規制と、スマート農業も無関係ではないことに留意する必要があります。

農業は気象や土壌などの影響を受けることから、研究熱心な農業従事者（篤農家）でも予想を外すことがあります。その想定をも超えた局面での対応をこれからの生産者は考えなくてはなりません。その時のツールとしてのAIが各種規制と折り合いながら開発されることを期待しつつ、人は考えることを諦めない姿勢が重要となります。

国内の法規制を見てみます。ロボットトラクタなどのほ場間移動では、道路を自動走行しますが、自動走行車と同様に画像処理技術の進展により、ロボットトラクタは路面上の車線を認識して経路を外れないように走行することができます。しかしながら、現状の道路交通法では規定されている通行帯などの車線以外に、路面上にみだりにマーカー等を引くことはできません。今後、改正を働きかけるとした場合には、将来を見据えて長期間の取組みが必要になります。自転車専用通行帯が２０１９年に道路構造令の改正で規定されるまで、ガイドライン策定などの取組みを経て10年余りを要しています。ちなみに、農道では舗装されていないところも多いことから、轍《わだち》や雑草の生えている境目を認識させるなど、別の切り口で走行経路を認識させる取組みも行われています。ここにも画像ＡＩによる認識技術が活用されており、ＡＩ活用の観点でも検討を要するテーマの一つと考えられます。

標準化に向けた取組み

「標準化」は農業関係では耳慣れない言葉ですが、私たちの身の回りの様々なモノやサービスに関係しています。その中で最も有名なものがスイスのジュネーブに本部がある非政府機関ＩＳＯ（International Organization for Standardization：国際標準化機構）です。国際的に流通するモノやサービスに対して国際的な基準を定めています。代表的なものが、工場などで掲げられている品質マネジメントシステムの「ＩＳＯ９００１」や、環境マネジメントシステムの「ＩＳＯ１４００１」です。このＩＳＯ規格の認証を得ることは、社会的な信頼の獲得につながりますが、規格の制定や改訂は参加国の投票により決まります。

標準化の活動に対しては、経済産業省の産業標準化事業表彰で優良事例が多数取り上げられており、農業関係でも受賞している事例が少なからずあります。この受賞例から、農業における標準化と今後のスマート農業関連での取組み方向について解説します。

ＩＳＯ１１２８７では緑茶の定義が制定されていますが、この検討の２００５年時点の原案では「緑茶は機能性成分のカテキン類が含まれることが優れた特徴」と位置づけられ、成分表の総カテキン量の基準も定められていました。日本の抹茶や玉露は被覆栽培によりカテキン生成を抑えていることから、基準値を下回ることになり、そのままでは緑茶の一種であるにもかかわらず、国際的には緑茶として認められないという可能性がありました。これを、２０２０年度の同表彰を受賞した農研機構の角川修氏らの継続的な活動により、「特別な栽培方法では成分表と異なることがある」ことを規格に盛り込んでもらうことに成功しました。現在は、抹茶そのものの国際規格化を日本主導で進めています。このように国際的な働きかけとハーモナイゼーション（国際的な制度などの調和を図っていくこと）が重要です。

スマート農業技術においても、農業機械のネットワーク制御用の規格であるＩＳＯ１１７８３シリーズについて、日本の農業機械の制御通信に不利にならないような取組みを進めるとともに、日本製農業機械の規格に対応したＩＳＯＢＵＳ（59ページ参照）を開発してきた経緯があります。こちらも農研機構の元林浩太氏らの活動が同表彰を受けていますが、この規格に準じることで、異なるメーカーのトラクタと作業機を接続しても同じように使える特長があります。例えば、肥料散布機を接続した場合、トラクタから走行速度の情報を得て散布量を均一にすることができます。さらに進んだ使い方として、ＧＮＳＳ受信機を搭載したトラクタでは位置情報も入手できることから、ほ場の中で生育の悪かったところには多めに、良すぎたところは少なめにという情報を入力した施肥マップを用意しておけば、その情報に合わせて自動で散布量を変えて対応することができます。ＩＳＯＢＵＳの現状としては、欧米の大型農業機械と日本の中小型農業機械では接続用のコネクタサイズの違いなどがあり、必ずしも規格への反映は成功しておらず、残念ながら日本での展開は見通せません。今後は使用環境の違いも留意しなが

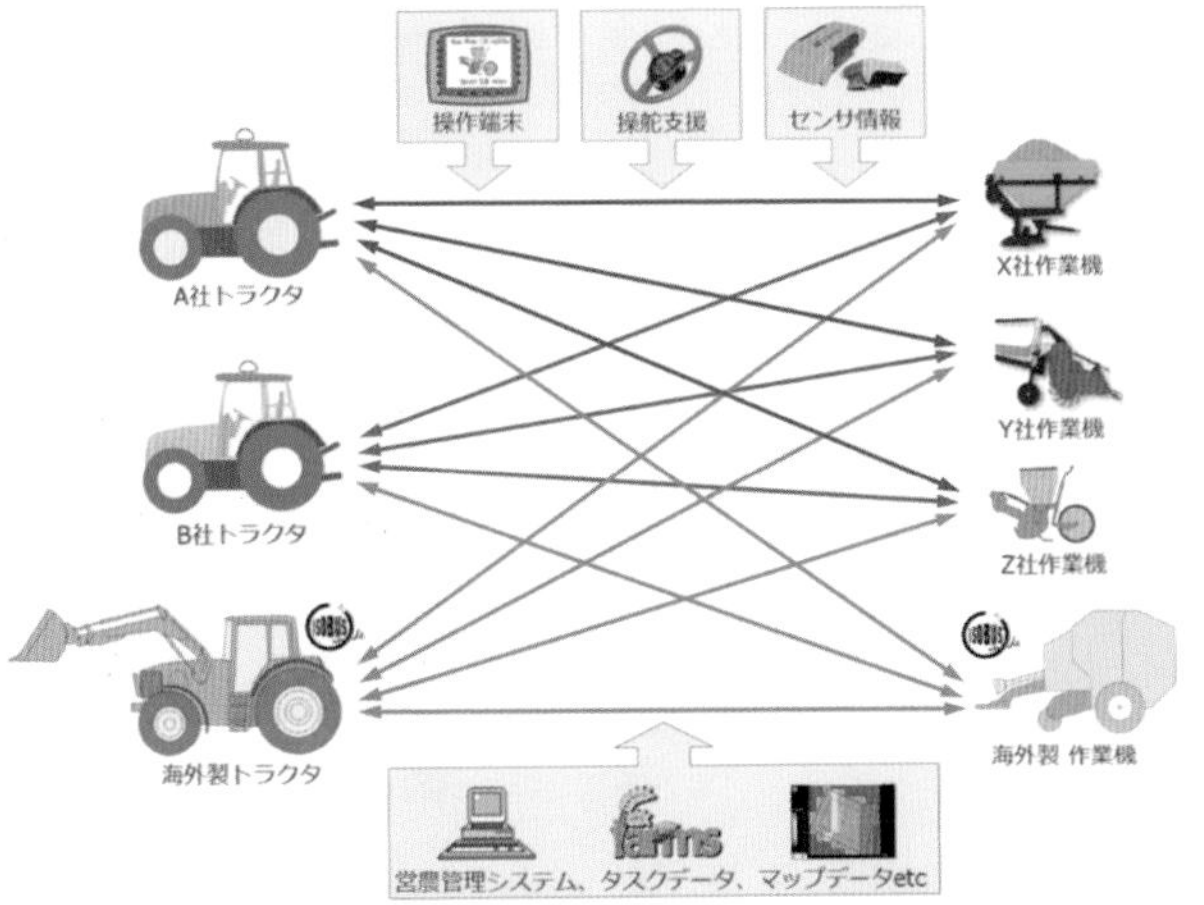

図 4-3　異なるメーカーのトラクタと作業機の接続イメージ
原図：農研機構（農業機械研究部門（元林浩太））

ら、日本の水田農業を中心に発展してきたスマート農機の実績を踏まえて、稲作が広く行われているアジアモンスーン地域でのスマート農機などの標準の推進を図っていくことが重要です。

4.3　スマート農業の担い手の育成と体制づくり

スマート農業が普及するなか、農作物を生産する農家ではＩＴに精通した人材が不足しています。従事者の高齢化が進んでいることもあり、ＩＴスキルに苦手意識を持つ人が多い傾向にあります。

農林水産省では、公設の農業大学校などの「スマート農業教育」を支援するため、オンラインで受講できるスマート農業教育コンテンツの作成、スマート農業の体験学習、外部講師によるＩＴ教育を推進しています。日本農業経営大学校でも同様のことが行われており、農業教育のＩＴ化の取組みが始まりつつあります。

そのほか、富山県では、未来の農業を担う青年のため

図 4-4　とやま農業未来カレッジにおける公開講座の様子
2021.07.27　講座等の報告　公開講座を開催しました
出典：https://taff.or.jp/nou/college/topics/13290

に「とやま農業未来カレッジ」を立ち上げて、座学講義、作物実習、機械演習に加えて、スマート農業に関係する最新機器を利用した実習や公開講座を実施しています。

これまで紹介してきた各種のスマート農業技術については、初期投資が大きいことから、まずは先進的に取り組む現地で体験型の学びを得ることから始めているケースが多くあります。これまでも、国や地方自治体レベルでの各種新規就農支援策が行われてきましたが、スマート農業技術の導入を促進する施策がパッケージとして展開されつつあります。

ミレニアル世代とスマート農業

ミレニアル世代は、２０００年前後に成人を迎え、これからの社会の働き盛りとなっていく世代です。農業場面で実際に活躍している人数はまだ多くはありませんが、デジタルネイティブとも呼ばれるように、幼少期から青年期にインターネットが身近に存在し、情報感度が高くスマートフォンなどのデジタルツールを使いこなしてきたことから、スマート農業に求められるＩＴリテラシーも高く、今後主な担い手になると期待されます。一方で、それ以前の世代とは価値観や消費行動などが大きく異なる世代で、多様な価値観を持ち、モノよりはコト消費に重点を置くといわれています。民泊や自宅駐車スペースの貸出、カーシェアなど個人の資産や技術などをネットワーク経由で共有・利活用する、シェアリングエコノミーなども違和感なく受け入れるところがあります。また、化学肥料や農薬を使わない有機農産物の最大の市場である米国では、環境問題への関心も強いミレニアル世代がオーガニック市場をけん引しているとも言われています。日本からの輸出でも米国ミレニアル世代に向けて日本茶をアピールするなどの取組みがあります。

ただし、スマート農業の導入によって、ＩＴ機器を使いこなせる人に作業が集中する傾向があります。また、スマート農機類の利用では、シェアリングの普及が重要な要素になりますが、このシェアリングという考え方は、年齢層が高い農業従事者は所有意識が強いことから受け入れづらいかもしれません。ミレニアル世代の農業への参入は、今後広がっていくものと考えられますが、従来の農業を行ってきたベテラン従事者とのマッチングも重要といえます。

国等の機関や「スマート農業実証プロジェクト」にみる担い手育成の可能性

スマート農業の推進にあたり、農林水産省をはじめ各種機関が担い手の育成に取り組んでいます。農林水産研修所つくば館では、都道府県などの職員の研修を行っていますが、新技術農業機械化推進研修として、精密農業・自動化ハイテクコースを設けています。現在は、ドローンとアシストスーツについての対応ですが、今後スマート農業技術の普及が進むのに合わせ拡充していくことが期待されます。

大阪府立環境農林水産総合研究所は２０１２年に地方独立行政法人化され、２０２０年からの第３期

図4-5　大阪府スマート農業フェアでのラジコン草刈機のデモンストレーションの様子

出典：https://www.knsk-osaka.jp/nourin/info/doc/2021121600021/

中期計画（４か年）で「都市農業の更なる生産性向上を可能とする大阪発スマート農業の実現に向けた技術開発」に取り組むとされています。施設園芸に関するスマート農業技術、特に病害虫防除に関しては、最近では赤色ＬＥＤによるアザミウマ類防除技術の開発で実績を上げています。これは、日中に赤色ＬＥＤ光を作物の葉に照射すると、ミナミキイロアザミウマの成虫が作物に近づく行動が抑制される現象を活用したものです。既にＬＥＤデバイスメーカーにおいて製品化されています。ちなみに、同研究所には農業大学校が併設されており、日本の施設園芸で広く用いられているパイプハウスで「スマート農業ハウス」を２０２１年に設置しています。２０２０年度の全国農業大学校等プロジェクト発表会では最優秀賞（農林水産大臣賞）を受賞しています。そのテーマは「『高齢者生きがいづくり』につながる、高齢者によるぶどう栽培方法の検討」であり、作業姿勢の改善や簡素化につながる取組みは同研究所が長年取り組んできた園芸福祉の取組みを体現したものです。都市型農業に合ったスマート農業の普及を担う人材も出てくることが期待されます。

２０２０年４月には、静岡県立農林環境専門職大学が全国初の農林業系専門職大学として発足しまし

図 4-6　農林業分野で全国初の専門職大学である静岡県立農林環境専門職大学
専門職大学・専門職短期大学について
出典：https://www.maff.go.jp/j/keiei/nougyou_jinzaiikusei_kakuho/senmonsyokudai.html

た。従来の農業大学校と同じく栽培技術を修得するのに加えて、加工、流通、販売も含めて農業経営全般に関する実践的な知識を得ることができ、併せて環境や文化を守り農山村地域を支えるリーダーの育成にも力を入れています。この大学では人材育成に重点を置きつつ、スマート農業に関する技術の実習も行っています。従来の農業大学校でもトラクタの公道走行のための大型免許（農耕車限定）は取得できましたが、ここでは自動走行トラクタの実習も併せて受けられることが特長です。施設園芸関係では、温室内の温湿度、CO_2などの環境制御技術のほか、その情報に基づいて行われる養液（肥料を水に溶かしたもの）の自動管理技術についてもモニタリングしながら学ぶことができます。また、果樹については、一樹ごとの栄養管理をセンシング情報に基づいて行う技術など先進的な取り組みも行われています。人材育成の観点では、クラウド作業日誌が導入され、スマートフォンなどで記録した作業データをクラウドに格納して、学生や教員間で情報共有を行うとともに、教室内でＰＣを利用した作業分析に活用し、学習効果を高めるようにしています。スマート農業を教育に取り入れた取組みとして今後の進展に期待したいところです。

２０２０年に公募がなされたスマート農業実証プロジェクトにおいても、コロナ禍により外国人実習生の受入れが困難になった状況に対し、スマート農業技術の導入により労働力不足を解消する取組みが実施されました。宮城大学が参画している「施設園芸多品目に適用可能な運搬・出荷作業等の自動化技術の実証」プロジェクトにおいては、先進的な太陽光利用型植物工場において現場研修が実施され、座学では得られない体験を経て、将来の担い手育成の可能性を示した取組みとなっています。

また、スマート農業実証プロジェクトで直進アシスト田植機等を導入した大規模経営体では、初心者の練習機としての活用を行っているケースが見られ、熟練者が直接指導をしなくても精度の良い田植えを行えることが確認されています。

5 スマート農業の将来

5.1　新たなビジネスモデル構築

スマート農業普及の延長で、生産から流通・加工を含むフードチェーン（生産・加工・流通・販売・消費という一連の流れ）全体で新たなビジネスモデル構築の動きが加速されています。かねて進んでいた農業の企業化についても規模の拡大のほか、地域社会でのネットワークの強化、国際的な活動と結びついたスマートフードチェーンとしての展開も広がってきています。スマートフードチェーンとは、フードチェーンの各層のデータを連携させて活用し作業効率の向上、高品質な農産物の安定した生産などを構築することです。新たなサービス創出については、２０２０年４月に民間企業や研究機関などの関係者で構成される「スマート農業新サービス創出」プラットフォームが設立されて、情報発信や異分野間の人材交流も含めた活動が展開されています。

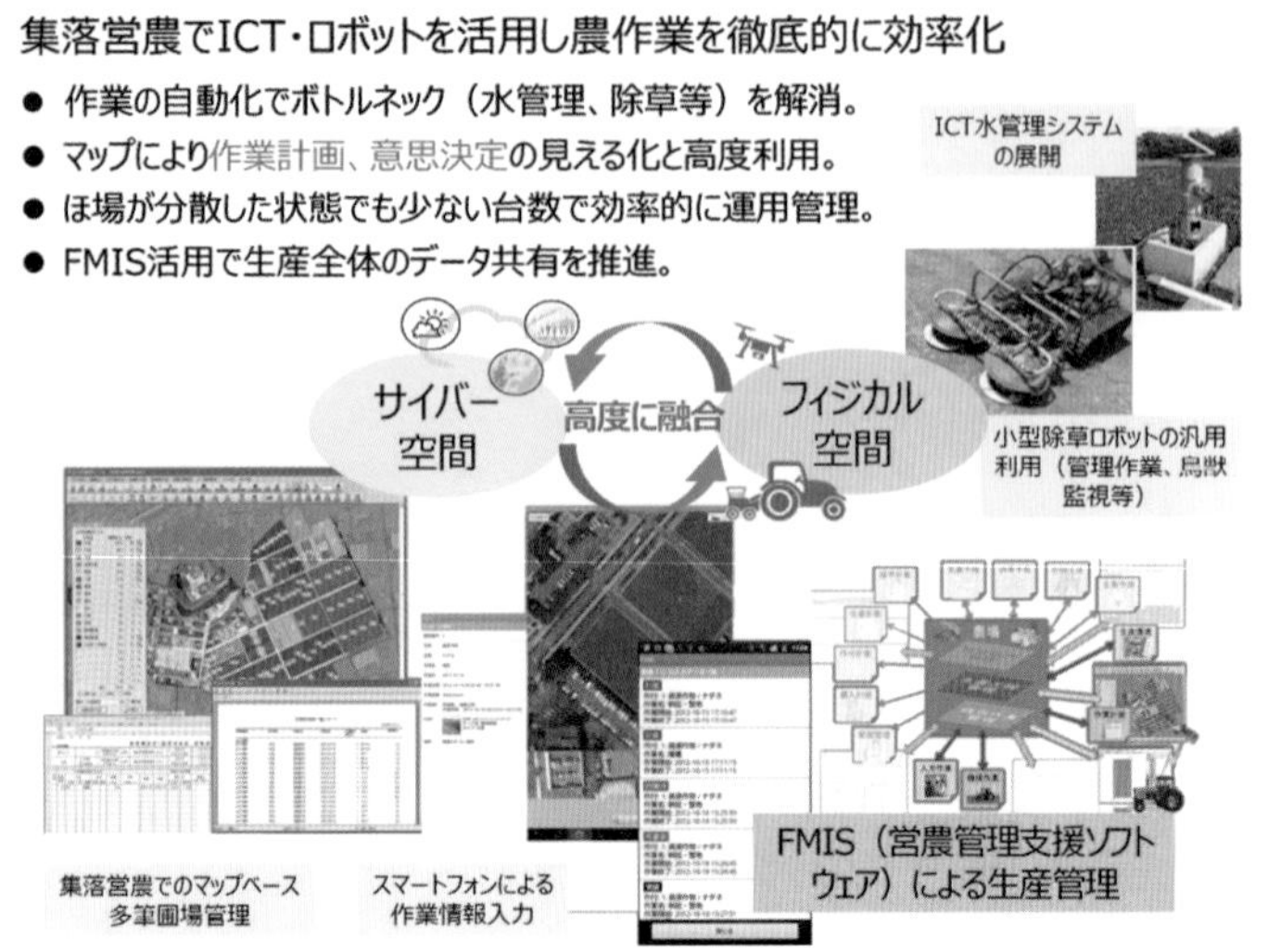
集落営農でICT・ロボットを活用し農作業を徹底的に効率化
● 作業の自動化でボトルネック（水管理、除草等）を解消。
● マップにより作業計画、意思決定の見える化と高度利用。
● ほ場が分散した状態でも少ない台数で効率的に運用管理。
● FMIS活用で生産全体のデータ共有を推進。
ICT水管理システムの展開
サイバー空間
高度に融合
フィジカル空間
小型除草ロボットの汎用利用（管理作業、鳥獣監視等）
FMIS（営農管理支援ソフトウェア）による生産管理
集落営農でのマップベース多筆圃場管理
スマートフォンによる作業情報入力

図 5-1　集落営農法人におけるビジネスモデルのイメージ例

フードチェーンの構築での取組み

農林水産省では、生産から消費に至るまでの情報を連携し、生産の高度化や販売における付加価値向上、流通最適化等による農業者の所得向上を可能とする基盤「スマートフードチェーン」について、米の分野に特化した取組みとして「スマート・オコメ・チェーン」を２０２１年から開始しています。従来の米の流通では、人の目による検査が行われますが、地域や検査員によりばらつきがありました。技術開発が進み米粒の着色や割れなどを計測する「穀粒選別機」の精度が向上し、ばらつきがなく数値で示すことができるようになりました。これにより、従来の等級別の規格から、穀粒選別機による鑑定を前提とする規格を定めるよう準備が進んでいます。フードチェーンでは検査の前後に行われる、生産と乾燥・調製、卸段階での精米についても電子データで管理することを含めて、最終的には民間主導でＪＡＳ規格制定につなげる取組みです。得られたデータを新

図 5-2 「スマート・オコメ・チェーン」のイメージ

出典：農林水産省 Web「スマート・オコメ・チェーンコンソーシアムについて」

品種の開発にも活用するなど、広く展開が期待される取組みにもつながる見込みです。

野菜については、その種類が多岐にわたることから規格化などの統一的な取組みは限られていますが、横浜丸中青果など青果物卸売業者によって、「コールドチェーン」のほか「通いコンテナ」による流通が進みつつあります。コールドチェーンは、冷凍・冷蔵することで生産から消費者に届くまで一定の温度を保ったまま輸送する方法です。これにより品質が維持されますので、全国に商品を配送することができます。通いコンテナは、規格化されたコンテナで、これを利用することにより、積載効率の向上が図られます。また、ＲＦＩＤ（交通系のＩＣカードでも用いられている非接触データ読み書き技術）によりトレーサビリティの確保のほか、コンテナの滞留や紛失防止にも有効とされています。

一般に物流に関しては、農産物以外も含めて人手不足が深刻です。物流拠点ではピッキング作業の効率化を図る無人搬送車（ＡＧＶ）の導入が進んでいますが、遠距離輸送については、トラックドライバー不足の深刻化や長時間労働が常態化の問題の解決に向けて動き出した段階です。省人・省力化に向けて、ドライバーが運転するト

1. 基本方針：経営方針をもとに（例：人命を守る、経営の維持、重要取引先への供給責任など。災害やコロナ禍への考慮も）
2. 重要業務と目標復旧時間：重要品目の決定（優先的に生産・出荷）と許容時間内での復旧の明確化。
3. 被害状況の確認：インフラ等の被害による重要業務への影響と緊急時の代替手段の予測（ハザードマップなども利用）。
4. 事前対策の実施：人員、情報、設備・資機材、資金別に被害を想定し、代替手段を事前に整理。
5. 緊急時の体制：初動対応（24時間以内）フェーズと事業継続フェーズ（初動対応完了後）に分けて整理。統括責任者と事業継続担当責任者の明確化の他、代理責任者も指定。対象や対応別に事前に担当も明確化。

（策定後）関係者への定着と定期的な見直し。

図 5-3　農業版 BCP（事業継続計画書）の策定手順
出典：農林水産省 2021 年 1 月 27 日プレスリリース内容より整理

ラックに自動運転トラックを追従走行させる隊列走行技術の開発が行われ、２０２４年を目途に新東名高速道路で深夜、一部区間での導入を目指しています。北海道や九州から首都圏への輸送については、定期就航しているフェリーでトレーラだけを運び、ドライバーは港との間の輸送をトラクタで行う「トレーラ・トラクタ方式」の中継輸送の展開が期待されています。

動き始めたビジネスモデル

まだまだ導入コストが高いとされるスマート農業技術については、シェアリングサービスの導入により、個々の経営体の負担を軽減する方策が提案されています。また、農業生産法人の今後のビジネス展開では、自然災害などのリスクに備えて事業継続計画（ＢＣＰ）を策定して早期復旧や事業再開が図れるようにすることも重要になってきています。既に、日本農業法人協会においては、広く研修等で周知・実践を図っています。

スマート農業の地方自治体ベースでの展開について

は、岡山県真庭市の取組みがあります。真庭市は岡山県北部に位置し、２００５年に旧9町村が合併して南北50㎞、東西30㎞に広がり、標高差が４００ｍほどの間に集落が散在する典型的な中山間地域です。標高差が４００ｍあることで作物の播種や収穫の時期に幅があることから、地域によりスマート農機の使用時期が異なりますが、シェアリングを行うことで稼働率向上を図ることなどの先行的な取組みがみられます。また、林業が盛んで、近年は製材後に出る端材や間伐材の有効利用を図る「木質バイオマス」の活用でも特徴的な取組みで注目を集めています。資源循環の一環として木質バイオマス発電のほか、生ごみなどで「バイオ液肥」、「ガスプラント」を運用する取組みに着手しています。

　スマート農業技術の導入についても熱心で、標高の違いにより収穫期の異なる地域間で食味・収量コンバイン等のシェアリングに取り組んでいます。フードチェーンでは、農業生産の川上に相当する資材の調達の際に、地域で得られるバイオマス資源活用を位置づけ、川下にあたる消費では「真庭里海米《さとうみまい》」の米ブランドを立ち上げるなど、根底に循環型の環境保全型農業の推進を位置づけています。手段としてのスマート農機の活用を進めている点については、中山間地域におけるビジネスモデルとして参考になる取組みです。

図 5-4　蒜山三座を映す、田植え前の水田

出典：スマート農業実証プロジェクト　令和元年度スタート課題の概要　中 G08（農）寄江原〈岡山県真庭市〉

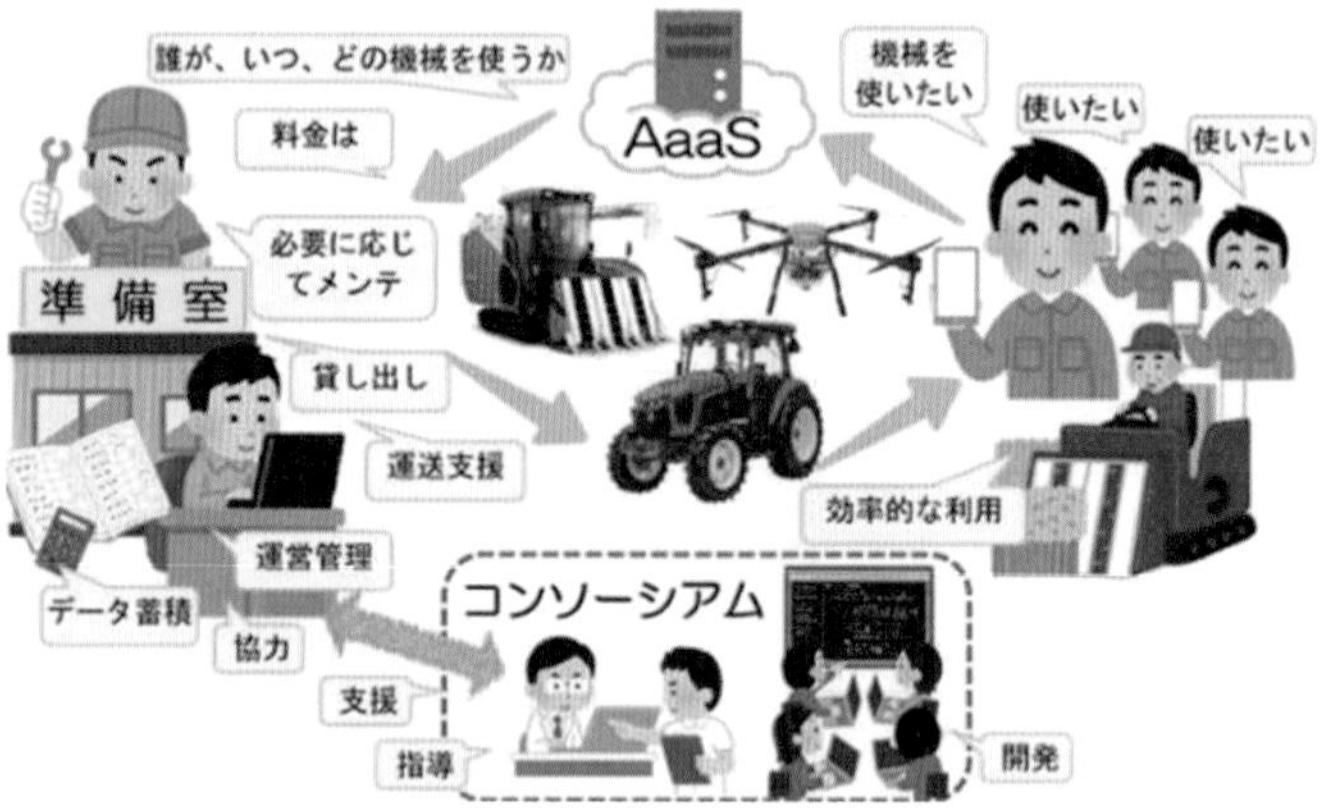

図 5-5　広域農機シェアリングのイメージ

出典：県立広島大学、2021 年 4 月 21 日プレスリリース

集落営農

集落営農とは、ある一つの地域で暮らす人たちを中心に農業を営むことです。一人一人では重労働の農作業もご近所同士で助け合えば負担も軽くなります。集落営農は、法人格を取得することで取引先の信頼も高くなり、食品産業とも連携を取ることができ経営は安定します。しかし、法人化を行う際には、メリット、デメリットを把握しビジョンを明確にすることが必要ですので、全員で計画を作成することが大事です。農林水産省は、法人格取得のための手続きにかかる費用の補助を行っており、経理・生産管理など必要な知識を習得できる研修参加費に使うことができます。法人組織の数としては全国で1・5万ほどありますが、中山間地域を中心に存続が危ぶまれる組織が増えてきています。これは、生産を担う人材の高齢化や減少の傾向が続くことに加えて、企業の定年延長の流れで定年帰農者の伸び悩みも一因とされています。農業生産の協業を図る農事組合法人として地域自治組織との連携により地域の人口減少を抑えながら、スマート農業技術導入も試みている地域があります。広島県東広島市河内町小田での事例ですが、特別栽培米の生産に可変施肥田植機や食味・収量コンバインを活用するなど、特徴ある米づくりに取り組んでいます。

土壌センサ搭載型可変施肥田植機は、井関農機社が開発したリアルタイム可変施肥機を利用しています。超音波センサで作土の厚さを計測することができ、前輪には電極・温度センサが組み込まれています。左右の車輪の間の電気抵抗を測り土壌肥沃度を算出することで、田植え作業を行いながらセンシングと施肥量制御をリアルタイムで行うことができます。また、GNSSを活用することで、作土深・肥沃度マップを作成することも可能です。利用効果としては、肥沃度の高い場所の施肥量を少なくするこ

図 5-6　土壌センサ搭載型可変施肥田植機

写真提供：神戸大学農学研究科生物生産機械工学分野（森本英嗣）

とで、肥料の与えすぎによる稲の倒伏を防ぐことができます。なお、収穫期に稲が倒れているとコンバインによる収穫の能率が大きく低下してしまいます。

ちなみに、当該地域では将来の継続的な運用も見据えて、広域的な対応を行っている機械共同利用組織との連携にも着手していることから、引き続き中山間地域のモデルとして生き残っていくとみられます。

生産から加工まで扱うモデルケース

生産から加工まで一貫して扱ったビジネスモデルに「お茶」があります。緑茶は明治・大正期には生糸に次ぐ日本の重要輸出品目で1～2万tの輸出量がありました。その後、中国茶の台頭などにより1991年には253tまで減少しましたが、近年、改めて輸出に向けた取組みが広がり、2010年には2000t台に持ち直し、2021年では6179t、200億円を超えるまでになっています。日本茶の品質の高さや機能性、そして日本茶文化のPRが功を奏したともいえますが、生産では、輸出相手国の農薬残留基準をクリアできる栽培が求められます。世界農業遺産として生物多様性の保全で評価された静岡の茶草場《ちゃくさば》農法のように、良質な茶の生産と環境保全の両立が古くから実践されてきた産地があります。また、大規模生産では生産性と環境保全の両立を図るため、スマート農業技術導入を図る産地もあります。化学農薬に頼らない栽培を実践するためには、経済性を考慮しながら、病害虫・雑草の発生増加を抑えるための適切な手段を総合的に講じる総合的病害虫管理（Integrated Pest Management：ＩＰＭ）の導入が不可欠です。

大規模産地では収穫作業の省力化のために、既に乗用型摘採機が導入されている産地も多く、鹿児島県の堀口製茶では、病害虫・雑草防除のための専用機械を導入しています。堀口製茶では、新しい品種導入による摘採時期の分散なども組み合わせ、製茶工場の運営から販売の他、創作茶膳レストランの取組みなど幅広いビジネス展開を行っています。

都市型農業での展開

都市型農業とは、その名の通り都市部で農作物を育てる農業です。都市型農業の典型として、東京都の取組みを紹介します。大消費地が近い特長を活かし、東京都農林総合研究センターは、東京型スマート農業等による高収益型農業の確立に向けた技術開発などの取組みを行っています。２０２０年４月にはスマート農業推進室を設置し、企業や大学等と「東京型スマート農業研究開発プラットフォーム」を構成して、東京型スマート農業実証プロジェクトを推進しています。発足から1年余りで民間企業の参加が１００社近くに上り、東京での強みを発揮しているところです。取組みの一環として、ローカル５Ｇを活

図 5-7　トマト生産ハウスにおけるローカル 5G を利用した遠隔指導の実証試験

出典：2021 年 6 月 25 日　東京都産業労働局プレスリリース

用した最先端農業の実装に向けた連携協定をＮＴＴ東日本、ＮＴＴアグリテクノロジーと締結して、２０２０年６月から高度な環境制御が行えるトマト生産ハウスにおける、ローカル５Ｇの高速・大容量・低遅延の通信を活用した、遠隔指導の実証試験を開始しています。

その他、プラットフォームの参画企業と共同研究開発グループを構成して、複数のテーマで取組みを進めていますが、「多品目栽培用作業スケジュール管理システムの開発」については、都内にあるスタートアップ企業Ａｇｒｉｈｕｂ社からスマートフォンで管理できるＷｅｂアプリ「東京型農作業スケジュール管理」が開発・リリースされるなど実績を上げています。これは、都内で多い直売向けの多品目生産に特化したスケジュール管理アプリであり、データ駆動型の都市型農業を体現した取組みのひとつといえます。

農機シェアリングの今後の展開として、定額課金によって一定期間農機を利用することのできるサブスク的なサービスの取組みも見られます。つくばみらい市では、市内に製造工場のあるクボタ社の協力で、スマートフォンで小型トラクタの利用登録・予約・決済ができるサービスを２０２１年に開始しました。家庭菜園より規模の大きい都市型農業を支えていくサービスとして注目されるところです。

コラム⑦ 自動運転技術の「レベル」について

日本再興戦略2016で掲げられた「ほ場間での移動を含む遠隔監視による無人自動走行システムを2020年までに実現」の目標に対して、2020年10月に富山市内の農業生産法人のほ場において、ロボットトラクタベースの無人自動走行システムの実演会が行われ、目標達成が確認されました。これまで、この無人自動走行システムを「レベル3」と称していましたが、自動車の自動運転技術のレベルと若干の認識の違いがあることから、レベルでの表現は農林水産省では行わないようになってきています。

自動車の自動運転のレベルは0～5までの6段階で定義されています。レベル0は運転自動化なしの状態で、レベル1は運転支援の段階で自動ブレーキの他、前の車に追従して走り、車線をはみ出さない技術が実装されたもので、現時点で市販されている自動車に多く導入されている技術となっています。レベル2はレベル1の技術を組み合わせてアクセル・ブレーキ操作およびハンドル操作の両方が、部分的に自動化された状態に至ったものです。レベル3は、条件付運転自動化となり、限定領域内で運転操作の全てを自動運転システムが行うようになります。レベル4ではドライバーの介在を要しないものとなります。アメリカにおいては、このレベルで自動運転タクシーサービスの実証が進められています。

レベル5では完全自動運転車となり、実現すればドライバーによる運転操作が不要となります。技術的にはLiDARなどのセンサ類やAI等の自動運転のための要素技術の高度化の他、自動車の周辺状況を把握し、走行を行うために必要な高精度3D電子地図を作成・更新する技術も必要になります。さらには、人が運転する自動車と共存するための交通ルールの他、事故時の補償なども含めた安全性確保のための課題をクリアする必要があります。

ロボットトラクタによる遠隔監視条件下での無人自動走行については、ドライバーが乗車していなくても危険を察知して安全に停止でき、監視者が安全確認して再起動することが可能であり、自動運転車のレベル4とほぼ同じ運用が可能です。よって、レベル3と称すると実態に合わなくなることが懸念されることから使わなくなりつつあるとみております。

5.2　技術伝承と新たな生産形態

農業は、家族経営が一般的とされてきました。代々受け継がれ、親の仕事を見て体験して覚えていくという師匠と弟子の間柄で形成されてきたため、一人前になるまでには長い時間がかかります。また、地域で指導を行う都道府県の農業改良普及員らによるサポートも行われてきましたが、普及員自体も経験豊富なベテランが引退し、現場活動を通して資質向上を図ってきた指導力が低下しています。また、普及員には農業技術の指導のほか、地域の営農計画の策定支援や国などの補助事業への申請支援など幅広い活動が求められ、業務の負担は増しています。その上、スマート農業の登場などで指導対象の範囲がさらに広がり、従来の作目別での対応だけでは不十分な状況になっています。そこで、若手の普及員らにＩＣＴ等の先端技術を習得させるほか、経営指導などで民間企業と分業体制を構築して取り組む事例も出てきています。スマート農業の特長のひとつとして、「匠」の技をデータ化（形式知化）して未経験者の技術習得に活用することがあります。スマートグラスを利用した遠隔技術指導のように直接活用するもののほか、各種農業技術がデータ化されることで分析に基づく計画作りが容易となります。さらに失敗・成功要因も明らかになることから、今後は関係者のコミュニケーションツールとしても活用されることで、農業生産技術の伝承や生産性の向上につながることが期待されます。

他にも、出前に加えてウーバーイーツ（Uber Eats）のような配達サービスが登場したように、農業生産の担い手と指導方法にも多様化が期待されます。49歳以下の新規就農者の伸び悩みの状況を考慮すると、好きな時に好きな場所で働くという形で労働力の確保を行うことが重要になってくるのかもしれません。時間や場所を決められての座学研修も必要最小限にする方がよいでしょう。そこで技術伝承ツールをより使い勝手の良い形に発展させ、アプリとして気軽に利用できるようにする必要があります。

新型コロナウイルス（COVID-19）の世界的な拡大は、食料生産・供給システム全般に大きな影響を与え、食料安全保障という言葉を耳にする機会が増えました。国と国の間の食料の輸出入を含めて、今後はよりコンパクトな形で農産物を流通させることが重要になるとみられます。また、メイド・バイ・ジャパンと称されるように、日本の技術で海外の食料生産に貢献することも必要です。

技術移転や伝承については、広くアジアの小規模農業にも展開し得る考え方として重視されつつあります。２０１８年11月に「小農と農村で働く人びとの権利に関する国連宣言」が国連で採択されましたが、これは農業の生産についてだけでなく、農産物の流通やその地域で生活する人々や、その生産環境の在り様が問われているものです。スマート農業による生産にかかるデータ化やコミュニケーション技術は、その流れに沿って発展的に利用されると期待しています。

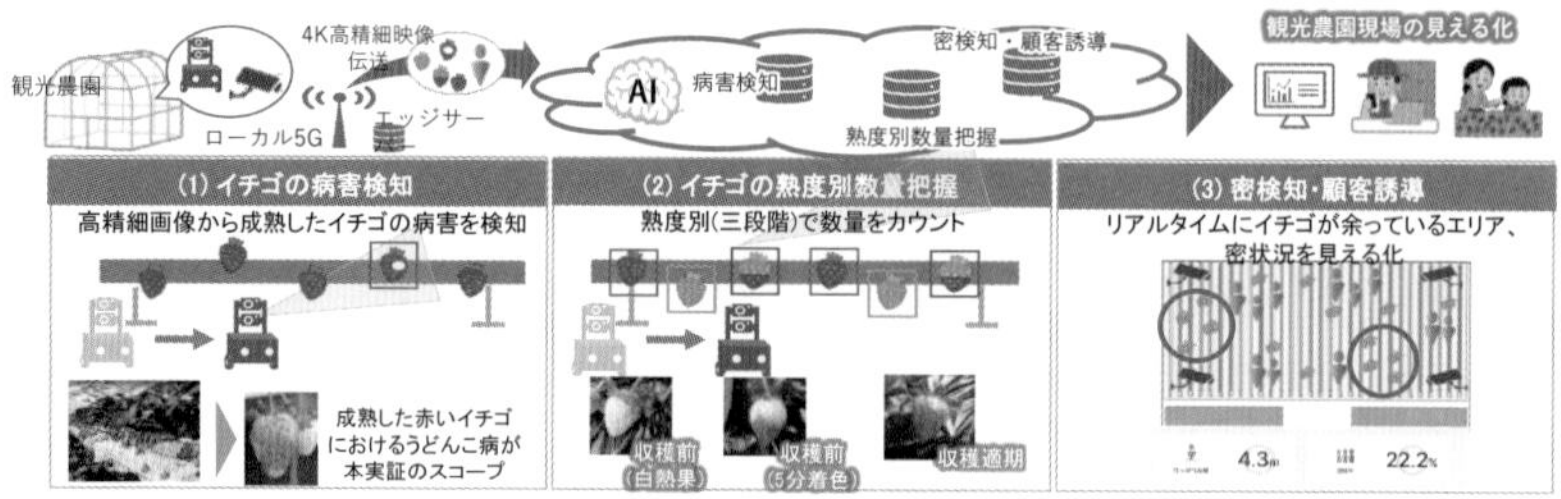

図 5-8　新型コロナからの経済復興に向けたローカル 5G を活用したイチゴ栽培の知能化・自動化の実現

出典：2021 年 10 月 11 日　総務省令和 3 年度「課題解決型ローカル 5G 等の実現にむけた開発実証」公表資料

スマート農業実証プロジェクトでは、リモート化をテーマにした取組みが行われています。第２章で解説した「ブドウの房づくり」や摘粒作業の支援について、ＡＩ画像解析結果をローカル５Ｇでスマートグラスに作業指示として表示することで、未経験者でも経験者並みの作業を実現できることが山梨県で実証されました。その他にも、ローカル５Ｇによる高精細画像を病害診断や適熟イチゴの判定に利用し、イチゴ観光農園での農薬散布の低減や、ソーシャルディスタンスを確保した来園者の受け入れに活用する新たな取組みもなされました。ＡＩ画像解析技術を農業場面で収益性向上につなげる優良事例になることが期待されます。

コラム⑧　食料安全保障の動向

　世界人口は２０５０年には97億人と２０１０年の69億人に比べて１・４倍になるとされ、現時点で10人に１人が飢餓状態にあることを考えると、日本においても食料を安定的に確保することが一層重要になります。日本では「国民に対して、食料安定供給を確保することは国の基本的な責務であるという認識の下、『食料・農業・農村基本法』において、国内の農業生産の増大を図ることを基本とし、これと輸入及び備蓄を適切に組み合わせ、食料の安定的な供給を確保する」とされています。世界的には気候変動の他、直近ではウクライナ危機や新型コロナウイルスの影響など、国内外の様々な要因で適切な食料を供給できなくなるリスクが存在しています。

　生産面については、食料・農業・農村基本法のもとで5年ごとに定められる食料・農業・農村基本計画（直近では２０２０年3月策定）の中でも食料自給力の観点で整理がなされていますが、農地や農業労働力の確保、単収の向上等を図り、これらを含めて農地等を最大限活用することとして２０３０年における試算値が示されています。農地面積については、現状の４００万ha水準を維持することが前提となり、農業就業者が２００万人水準から１３０万人ほどに低下しても、同じ面積の農作業を60%ほどの人数で管理する必要があります。既に地域の担い手に農地の集積・集約化が進んでおり、１００haを超える規模の生産法人が北海道以外でも珍しくなくなりました。また、食料の確保やＳＤＧｓの観点から、食品ロスについても２０００年に比べて２０３０年には事業系食品ロス半減を目指すとされており、生産段階においても精密出荷予測技術の進展により確実にロスが減らせる目途は立っています。

輸入や備蓄に関連して、2021年末にマクドナルドのフライドポテトの一部販売休止で注目が集まりましたが、農産物は原産地の気象災害の影響の他、物流の混乱の影響も大きく受けることが再認識されました。SDGsに関係する世界的な動きの中では、より環境や社会に優しい生産が求められることから、主要穀物等については備蓄も組み合わせながら安定的に確保することが重要です。生鮮物での輸入が多かった野菜については、1986年以降に冷凍野菜輸入の急増により20%を超える水準に至りました。現状も割合としては大きく変わっていませんが、国内での不作時の代替という役割に加えて、加工・業務需要に対する安定供給の役割も担っていることから、輸入元の多様化を図ることが重要です。

主要穀物では畜産における輸入飼料の占める割合が実は高いことを忘れてはなりません。日本の穀物飼料の大半は輸入であり、相場の影響を受けて価格が大きく変動することがあります。少しでもその影響を回避するため、国産飼料生産の拡大や食品加工残さの飼料利用なども行われており、トウモロコシなど高栄養価の飼料作物や水田の利活用にも有効な飼料米の生産については、生産コストを抑えるためにスマート農業技術の導入が重要とされています。

また、世界的な作物生産環境の情報収集の重要性がより高まってきており、農林水産省においては、ICT活用にもつながる「農業気象情報衛星モニタリングシステム（JASMAI）」の情報がWebで公開されています。平年値に対する気象要素や植生の比較が可能となっており、主要穀物等の生産地域に関してはより細かく解析できるページも用意されています。

5.3 「みどりの食料システム戦略」での展開

２０２１年５月に農林水産省から公表された「みどりの食料システム戦略」は、食料・農林水産業の生産力の向上と持続性の両立をイノベーションで実現することを示したものですが、そのためには基盤となるスマート農業技術の更なる高度化が必要です。また、安全な食料生産を環境に配慮しながら進め、国民の行動変容を促す取組みとしてフードロス削減なども絡めて自給率向上につなげることが重要です。

２０２１年10月に、日本農業工学会主催のシンポジウム「『みどりの食料システム戦略』に挑戦する新しい農作業研究」が開催されました。その概要についても触れながら、日本農業の将来に向けたスマート農業の展開を論じてみます。

環境対応への貢献

「みどりの食料システム戦略」が掲げるＫＰＩ（Key Performance Indicators、重要業績評価指標）のうち、有機農業については、２０５０年に日本の農地面積の25％、１００万haを目指すとしています。現状の２・37万ha（２０１８年度値）の約40倍に相当することから、30年先の目標とはいえ実現の可能性については多くの人が疑問視しているのが実態です。一方で、ＥＵにおいては２０３０年に25％という目標を掲げ、オーストリアのように既に達成している国も出始めています。安全な食料を安定して確保するために、どのような生産が日本にとって望ましいかを、行政に携わる者や研究者、生産者だけではなく、消費者も含めて考えていく必要があります。

日本において有機農業の取組みが広がらない主たる要因として、労力がかかることが指摘されています。水稲作で1・4倍、露地野菜作で1・3倍の労働時間を要しており、除草作業に多労を要していることが特徴です。水稲作では高能率水田除草機を利用し、温湯種子消毒や深水管理などを組み合わせた有機栽培体系の実証結果が公開されています。除草作業は除草機を使用しない場合の10a当たり10時間ほどに比べて、3・7時間に削減できることを明らかにしています。

化学農薬・肥料の低減への貢献

化学農薬・肥料の低減についても具体的な目標が定められていることに注目すべきです。化学農薬使用量の50％低減については、リスク換算値で目標設定されていることに留意する必要がありますが、現状では殺虫剤、殺菌剤ともに野菜・畑作での利用が60％以上を占め、一方で除草剤は水稲での利用が60％以上を占めています。リスク換算は農薬の許容一日摂取量（ＡＤＩ）をもとに試算を行うことが想定されますが、特に土壌消毒に用いられているリスクの高い農薬については、重点的に減らす取組みが必要です。

化学肥料の30％低減については、稲作と野菜作での使用量がそれぞれ約30％を占めていますが、既に化学肥料の使用量は2000年時点に比べて2015年には稲作で39％、野菜作で17％減少しています。今後は生産性を維持しながら目標とされる2050年に30％低減を実現できる技術について、肥料そのものの製造や施用技術の他、土壌の健全性をセンシングする技術の開発と合わせて取り組む必要があります。また、日本は化学肥料原料の大半を輸入に依存しており、近年は穀物価格や燃油高騰の影響を受

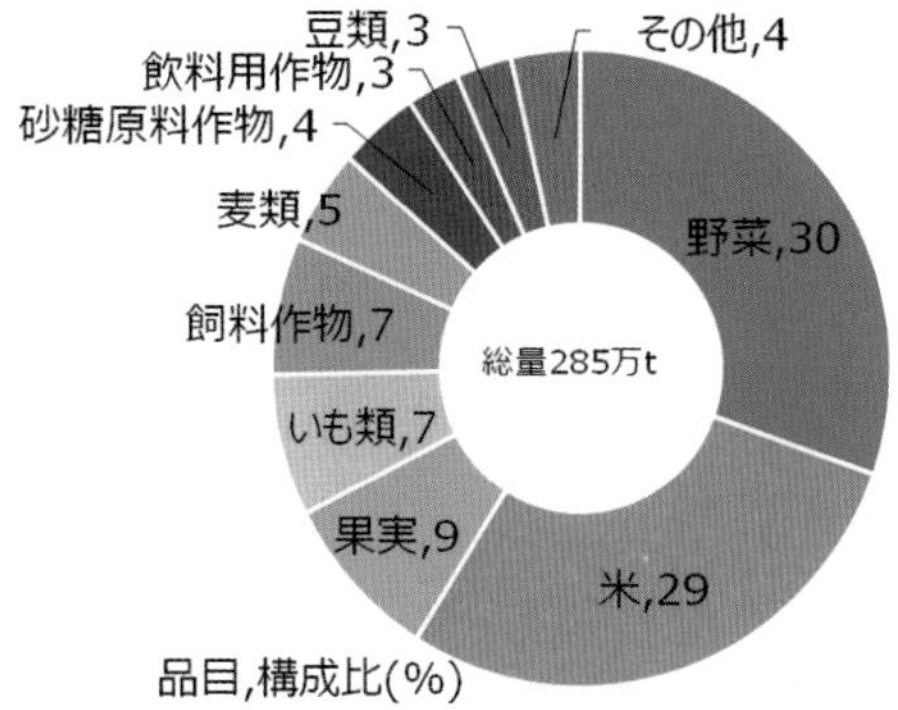

図 5-9 品目別の化学肥料使用量

2015 年推計値

けて国際価格が高止まりの状況にあります。今後は、家畜排せつ物の他、下水汚泥資源等の肥料化を進めて、その利用を拡大する取組みも重要です。

温室効果ガス削減への貢献

温室効果ガス（Greenhouse Gas, GHG）には二酸化炭素の他、メタン、一酸化二窒素などがあり、日本においては農業分野からの排出割合は全体の4％程度と小さいものの、世界規模でみると農業・林業・その他土地利用からの排出が1／4を占めています。このうち、メタンについては、日本においては水田からの排出量が多く、水稲は水を貯めた状態で栽培する期間が長いことから、その間に土壌の中では微生物がわらなどの有機物を分解してメタンが発生します。この発生量を抑える技術として、水稲の穂が形成される時期（幼穂形成期）の前後に2週間程度水を抜く「中干し」の期間を1週間程度延長する技術があります。この技術を収量・品質を落とさず確実に実施するためには、栽培管理支援システムなどで幼穂形成期を予測し、自動水管理システムで適期間の中干しを行うスマート技術の適用が想定されます。

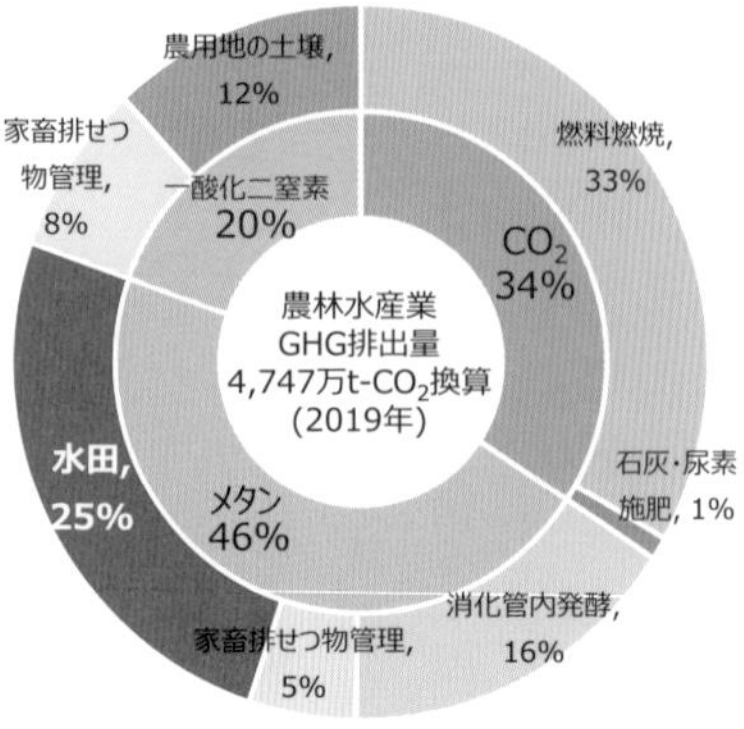

図 5-10　日本の農林水産業分野の GHG 排出

出典：日本国温室効果ガスインベントリ報告書（2021 年度 4 月版）、日本の温室効果ガス排出量データ（1990~2019 年度）確報値より農研機構作成

「みどりの食料システム戦略」に挑戦する新しい農作業研究

「みどりの食料システム戦略」については、様々な学術団体でテーマとして取り上げて議論がなされています。2021年10月に開催された日本農業工学会シンポジウムにおいては、農作業研究の観点からスマート農業の役割を論じています。

農作業合理化の観点からは、これまで取り組まれてきたスマート農業技術開発を進めながら、「みどりの食料システム戦略」に対応していくため、作業面と経営面を中心に再評価する必要があります。また、同戦略が生産力向上と持続性を両立するとしていることから、スマート農業でも目指してきた生産性と持続性のトレードオフの関係を打破する取組みは不可欠です。

「みどりの食料システム戦略」のＫＰＩへの対応として、有機農業の取組み拡大に対しては、労働時間削減が重要であり、生産物の付加価値向上も図りながら経営改善を図ることが拡大のための必要条件です。化学農薬・肥料の低減に対しては、超音波や光などの物理的手段のさらなる活用が重要であり、肥料については堆肥などの有機質資材の改良を進めてより低コストで使いやすくすることも必要です。温室効果ガス削減に対しては、農業生産からの排出ではメタンの削減がキーとなっており、今すぐできる技術として水田の中干し期間の延長の取組みを拡大していくことが重要です。また、農機電動化も温室効果ガス削減に貢献できる取組みですが、電動化が進む自動車などの技術を流用しつつ、低速・高負荷での作業が多い農作業に適したメカニズムを検討していく必要があります。

水稲での温室効果ガス削減に向けて

筑波大学においては、長年水稲栽培での温室効果ガス削減に関する研究が行われてきました。日本の温室効果ガスの総排出量（二酸化炭素換算）が約12億tあるうち、農業分野は３・５％を占めるに過ぎないものの、その４分の1強は水田からのメタンであり、その削減が重要です。その削減に対して土壌の酸化還元電位を計測し、土壌中の微生物が嫌気発酵を行いメタンが生成され始めるところで水位をコントロールして、土壌の還元状態が長くならないようにすることでメタンの発生量を大きく抑制できます。さらに、カシューナッツ抽出殻を水田に入れることでもメタン発生を抑制できる試験結果の他、もみ殻くん炭を水田に入れることで炭素貯留と水稲の収量向上の効果が得られています。

ちなみに、もみ殻くん炭は「バイオ炭」の一種です。収穫されたコメはライスセンターやカントリーエレベーターなどの乾燥調製施設に集められ、出荷段階で玄米にする際に廃棄物として出てくる「もみ殻」が原料なので、わざわざバイオ炭の原料を集めに回る必要がないという特長があります。ヤンマー社では、もみ殻ガス化発電システムの実証試験に取り組んでおり、バイオ炭の他、電気と熱が得られることから、乾燥調製施設とセットにした整備での展開が期待されます。もみ殻をボイラーの熱源として利用するシステムについては、既に各種事業での導入が始まっており、今後の地域における再生可能エネルギー源としての展開も期待されます。

電動農機の可能性

愛媛大学においては、２０１０年代にコンバートＥＶ（自動車ではエンジンを外して電動モータに置き換えて、動力伝達機構はそのまま使うもの）の考え方で、野菜の苗の植付け作業を行う電動移植機や、10kWクラスの小型電動トラクタの開発に取組み、その後の改良として駆動するモータを走行部と作業機に分けて対応しました。搭載できるバッテリ容量の問題があり、当時の小型電動トラクタでは1回の充電で1時間、13ａの耕うん作業に使えるにとどまりました。現在は自動車用のリチウムイオンバッテリの高性能化が進み、軽量化と大容量化が図られてきているので、同じメカニズムでも作業可能時間を伸ばすことは可能とみられますが、農業に適したモータやバッテリの利用方法を検討することも重要です。その改善のポイントは、コンバートＥＶでは元の農機の動力伝達機構をそのまま使っているので、伝達効率が9割程度にとどまっていることです。これを、走行部や作業機を直接電動モータで駆動すれば、その分だけ電力消費を抑えることができます。

図 5-11　小型電動トラクタによる耕うん作業

出典：2012 年、愛媛大学農学部

図 5-12　エンジンの傾斜を緩和する装置付きのリモコン式草刈機

ちなみに、草刈りロボットや小型運搬車など、消費電力が比較的小さい農機の電動化は進んでいますが、例えば草刈りロボットで1日の作業をこなすには、複数のバッテリユニットを用意して、ローテーションを組んで作業と充電を繰り返して対応する必要があります。一方で、電動モータは急傾斜地向けという見方があります。エンジンは焼き付きを防ぐために強制的に潤滑油を回していますが、傾斜45度を超えると原理的に潤滑がうまく行えないことから、安全装置が働き停止するようになっています。この改善のため、エンジンの傾斜を自動で緩和する機構を有したリモコン式草刈機もあります。エンジン式の草刈機はこの制限があるため、適用できる傾斜度が40度以下としているケースが多くなっています。これを、電動モータ駆動に変えることで、より急傾斜に適用できるようになります。ちなみに、急傾斜地で運搬作業を行うモノレールでは、予めエンジンの取付角度を傾けて対応しています。モノレールの電動化の例としては、傾斜を下る時には充電を行う（回生エネルギーの利用）ことで、充電1回で傾斜45度、２００ｍを往復する回数が2割増しになるという試算も愛媛大学で得られています。

　さらに、穀物を収穫するコンバインの電動化の試みの報告もあります。コンバインではゴミを風で飛ばすことで選別を行いますが、これまでのエンジン式では細かい風量の制御ができず、種の大きさが1

㎜弱と小さいアマランサスなどでは精度良く選別ができなかったものを、電動モータでは細かく風量制御が行えることで、大きさが5㎜のダイズやそれよりは少し小さいコメなどと同じ機構でも精度を落とさずに選別できることを明らかにしています。その他、電動モータの消費電力を計測することで、作物を刈り取るときの切断エネルギーを容易に把握することができるので、この情報を活用して作物の生育量を把握する取組みもなされています。

コラム⑨　リモコン式草刈機の進化と可能性

2019年8月に広島県東広島市において「草刈り作業のスマート化から中山間地域農業の将来を考える」をテーマに、広島県東広島市河内町小田において4社のリモコン式草刈機の実演会が行われました。同地ではスマート農業実証プロジェクトを農事組合法人「ファーム・おだ」を実証経営体として実証試験を行っていましたが、典型的な中山間水田作経営であり、畦畔・法面の草刈り作業の軽減に関心が高い地域の一つです。

中山間の棚田地帯は、面積の10％程度は作付けを行えない畦畔や法面になります。水田区画の面積を広げるため基盤整備を行うと、元の傾斜が大きい場合には長さが10ｍを超える長大な法面が生じるケースもあり、草刈りは生産に直結しないものの避けられない作業となっています。多くは、人手で小型のエンジンで駆動される刈払機を利用して草刈りを行いますが、斜面で足場が悪いところでの作業となるため、農作業事故件数としては最も多いとされています。

1990年代には、河川の大型法面用の乗用型草刈機についてリモコン仕様のものが市販され、2000年頃には刈幅が60㎝程度の小型リモコン式草刈機が市販されましたが、普及に至りませんでした。傾斜20度程度まではバギータイプの小型乗用草刈機が能率面で優れていることから、果樹園などでの利用を中心に普及しており、傾斜が緩い場合は水田法面でも使用するケースがあります。

「ファーム・おだ」の事例に戻りますが、スマート農業実証プロジェクト以前にも2014年には農林水産省の委託研究プロジェクトで開発されたリモコン式草刈機の現地試験が行われました。150万円水準での実用化を目指していたことから、1農家が購入して利用するのではなく、集落営農を行っているケースで担当のオペレータを決めて草刈りを行う利用形態を想定しました。2019年の実演会のリモコン式草刈機は、4社で90~360万円ほどの価格差があり、適応傾斜は30~45度、刈幅は50~70㎝、作業能率は人手の2倍程度で、いずれも軽トラックに積載可能なサイズとなっています。

リモコン式草刈機の動力は、大きくエンジン式と電動モータ式に分かれ、一部はハイブリッド仕様のものもあります。傾斜地を走行するため、エンジン式では傾斜40度を超えると潤滑オイルの回りが悪くなることによる焼き付きを防止するため、緊急停止やエンジンの傾きを緩和させる機能を有しています。よって、適用できる傾斜度が40度前後である一因となっています。

電動モータ式では、傾斜の影響は消費電力面で出てくることと、バッテリが比較的高価でかつ1日の作業では交換や充電が必要になる問題があります。以上のことから、適用場面に最適な草刈機の選定を行うことや、使い分けを検討することが重要です。

一方で、現場には傾斜45度を超える法面があり、どのような草刈機を適用するかという問題がありますが、既に海外製のウインチ式で傾斜55度まで適用可能なリモコン式草刈機がスマート農業実証プロジェクトで使われて効果を上げています。農研機構においても急傾斜法面に特化した誘導式小型草刈ロボットの開発に取り組まれ、その動作原理を活用した実用機が「ワイヤー牽引式草刈機」として市販される予定です。

有機農業の拡大には雑草対策が重要

農研機構においては、有機栽培における除草機械、ロボットなどを活用した雑草防除法が最も重要な技術的課題としてとらえています。有機農業は化学的に合成された農薬や肥料を使用せず、遺伝子組換え技術を利用しないことを基本として、農業生産を行うことで環境に負荷を与えることをできる限り低減した農業とされています。有機農業の推進に関する法律（有機農業推進法）が２００８年に策定され、生産される農産物に対しては、１９９９年に改定されたＪＡＳ法（農林物資の規格化及び品質表示の適正化に関する法律）において、有機ＪＡＳとしての認証が定められました。２００９年から２０１８年の間に有機ＪＡＳ認証を取得している農地面積は約20％増加しましたが、1万ha程度にとどまっています。有機ＪＡＳ認証を取得しておらず有機農業が行われている農地を含めても約２・４万haであり、全耕地面積の０・５％を占めるに過ぎません。労力がかかることや収量や品質が不安定なことなどを理由に伸び悩んでいますが、２０３０年には3・6万haまで拡大することが国の基本計画で示されています。

有機ＪＡＳ農地面積の約30％が水田になりますが、労力の半分ほどは雑草防除にかけられています。

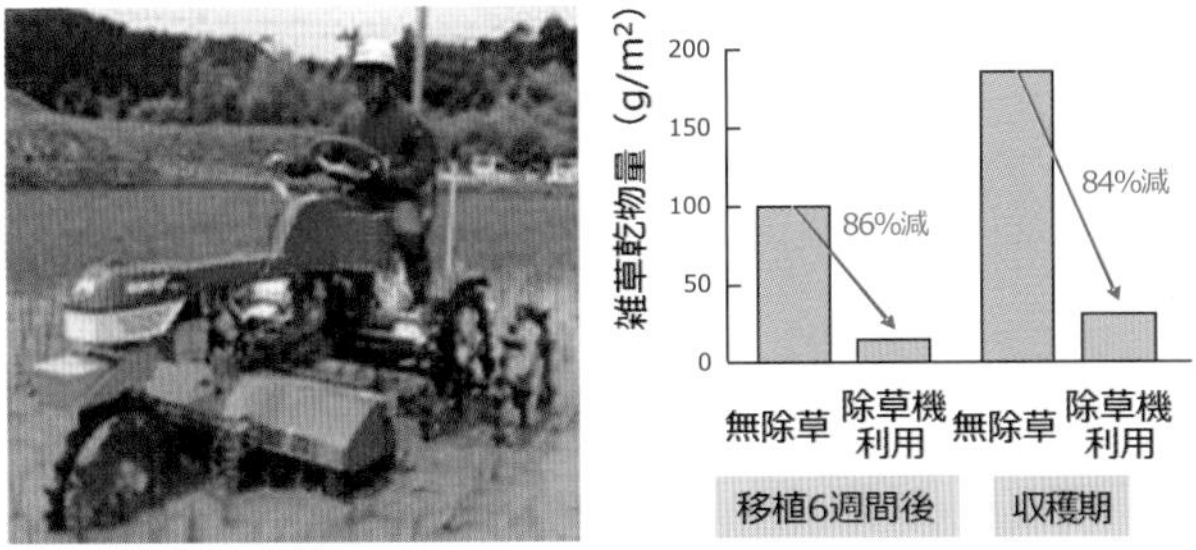

図 5-13 高能率水田用除草機と除草効果

実践技術の一つとして、水稲の生育期間中の水管理を深めにして（通常は5㎝程度の水深を10～15㎝に維持）、米ぬかを散布して抑制する方法が採られていますが、一方では除草機により物理的に除去する方法が主流となっています。除草機については、乗用型田植機の植付け部を条間除草用ローターと株間除草用の揺動式レーキで構成される除草装置に交換して使用する多目的田植機が２００1年に市販され、除草作業に活用され省力化が図られましたが、除草装置が後部にあることから操作ミスにより苗をなぎ倒すことが発生していました。その後、除草装置を機体の中央部に装着することで、作業者が稲列を確認しながら操作できる高能率水田用除草機を、みのる産業社が２０１５年に市販しました。これにより、80%以上の雑草を除去でき、苗の倒れがほとんど生じない作業が行えるようになりました。同社は、２００７年頃から水田用小型除草ロボットの開発にも取り組んでおり、高能率水田用除草機よりも若干除草効果は劣るものの、ほぼ実用水準の性能があることから市販化が期待されます。

物理的手段による病害虫対策の可能性

農研機構においては、病害虫防除について超音波等の物理的刺激を利用した技術開発も行われています。果樹栽培では害虫の夜蛾（ヤガ）類による果実の食害が大きな問題となっています。これまで、果樹園内に防ガ灯を設置して夜間照明を行うことで防ぐ方法が採られていましたが、設置や運用にコストがかかる問題がありました。ヤガ類の天敵であるコウモリと同様な超音波を発振する装置を開発し、モモやナシで防ガ灯に劣らない防除効果が得られることを確認しています。さらに、幼虫が野菜類や花き類を中心に幅広く食害するハスモンヨトウやオオタバコガに対しても防除効果があることも確認しており、適用拡大が期待される技術です。

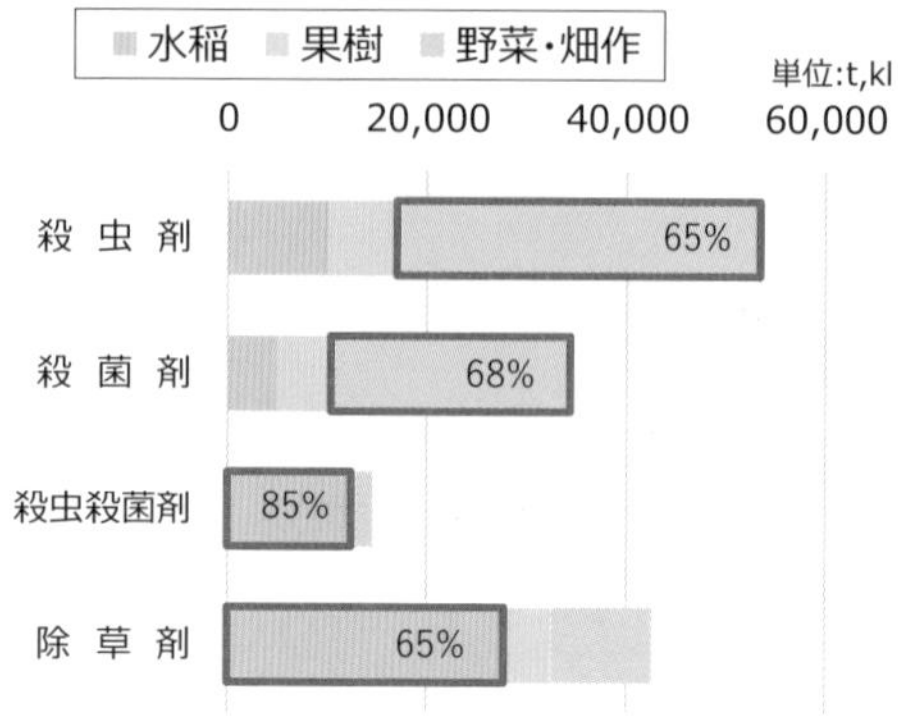

図 5-14　使用分野別の農薬出荷量

出典：農薬工業会「2020 農薬年度出荷実績」より農研機構作成

また、物理的手段により植物体の病害抵抗性を誘導する手法としての考察もなされています。水稲などでは、種もみの温湯処理により種子伝染性の病害を防ぐことや、育苗時にローラーなどで接触刺激を与えることで、草丈を抑え根張りが良く病気に強い苗にすることが知られています。イチゴでは苗の蒸熱処理により、うどんこ病菌やナミハダニなど病害虫を同時に殺菌殺虫できる技術や、定植した後も温湯処理で熱ショックを与えて病害抵抗性を誘導する方法も知られています。同様の効果が超音波の照射によっても得られる可能性があり、化学農薬では抑えることが難しい土壌伝染性の病害に対してトマトで効果を確認しています。これは、空気伝染性のイネいもち病やイチゴうどんこ病でも効果が認められ、病原菌そのものを殺菌するのではなく、植物体の病害に対する抵抗性が高まることによるとされています。

スマート農業での展開と今後の農作業のあり方

福島大学においては、原子力災害の被災地域での営農再開という観点でスマート農業技術の現地導入を進めています。被災から10年後には60％の面積で営農を再開するという目標に対して、2020年3月時点で被災地域の32％しか再開されていない状況にあり、2019年度からのスマート農業実証プロジェクトの69拠点の一つとして、水稲を中心に50ha規模で経営を行っている南相馬市の紅梅夢ファームにおいて実証試験が開始されました。担い手と労働力の確保が著しく困難な条件下で、非熟練労働力を活用しつつ高レベルで均質な農産物の生産と規模拡大を実現する技術体系を実証するとされています。導入されたスマート農機類は、ロボットトラクタ、直進キープ機能付田植機、農業用ドローン、自動水管理システム、食味・収量コンバインなどです。

複数ほ場を有人と無人トラクタの2台で同時に作業するロボットトラクタ同時作業の実証が行われ、作業効率と安全性について、オペレータの習熟で安全に効率的な作業が行えることを確認しています。直進キープ機能付田植機は、ＧＮＳＳの位置情報を利用してステアリング操作を自動的に行うことで直進走行を保つもので、非熟練者でも苗列が曲がらず精度良い植付けが可能となります。一方で、旋回は人が操作することから、非熟練者は熟練者に比べて旋回半径の変動の幅が大きく不慣れである影響がみられるものの、作業効率は熟練者と変わらないことが確認されています。

併せて、2台同時作業の習熟過程やオペレータに与える精神的な負担などについても解析が行われ、有人作業部分が慣れにより時間短縮が図られる一方で、ロボットトラクタを注視している時間割合はわずか（3％程度）であり、異常状態が発生しない限り通常の作業と大きく変わらず、精神的負担や疲労の増加は認められないとしています。

コラム⑩　農業主産県におけるスマート農業あれこれ

まずは農業産出額でダントツに多い（約14％）北海道については、稲作、畑作、酪農などの大規模な土地利用型農業が展開されています。スマート農業技術についても農業用GPS（GNSS）ガイダンスシステムがいち早く普及していますが、2018年の1万1500台を2025年には2万6000台まで拡大する方針が示されるなど、スマート農業技術の導入が積極的に行われています。酪農においては搾乳ロボットの導入も積極的であり、2019年には累計で約800台（全国で約1000台とされる）が導入され、今後も普及が拡大することが見込まれますが、不安定要素もあります。2021年末の生乳供給過多による5000t規模での廃棄の可能性が出たように、農業の中では比較的計画的な生産が可能とされている酪農でも、飼料の高騰による生産コストの増大や生乳需要の変動などでスマート農業技術の導入だけでは解決できない問題を抱えています。

北海道に次ぐのが鹿児島県や茨城県になります。鹿児島県は畜産の占める割合が66．0％であるのに対し、茨城県は28・9%であり生産の内訳が大きく異なります（2019年での値）。また、茶については鹿児島県が全国の31・2%を占めていますが、大規模茶園によるスマート農業技術の実証も行われ、ロボット摘採機や管理機の他、ローカル5Gを活用することで遠隔監視条件下での複数台運用の可能性を示すなど先進的な取組みも行われています。

茨城県においては、茨城モデル水稲メガファーム育成事業が2018年から開始され、3年間で100ha規模の経営体を育成するとしています。また稲敷市において事業として農地集約の取組みを進めて、2020年時点で100ha規模を達成し、一部の農地については区画の拡大（30a→1ha）も行うなどして、ロボットトラクタなどの運用効率を高める取組みにつなげています。この中で、農研機構が開発した栽培管理支援システムなどの実証と改良も行われました。

「みどりの食料システム戦略」の推進におけるスマート農業の役割

「みどりの食料システム戦略」においては、持続的生産という観点から脱炭素・ゼロエミッション化が他の産業領域の影響も受けつつ進んでいくのに対し、農業そのものの生産性向上については有機農業の取組面積の拡大が最も重要になるとみられます。一般に有機農業では収量が減ることから、その減収分を高単価で補っているのが現状です。取組面積が拡大すれば有機で有利販売農産物の希少性が失われて他の農産物との差別化が困難となり、有利に販売できるシナリオが崩れることから、生産コストを抑える必要があります。現状では除草作業を始めとした作業コスト（雇用を入れていれば労賃に相当します）が多いことから、この削減と合わせて肥料等の資材コストの低減が重要です。有機農業は無化学農薬・肥料が原則ですから、肥料では堆肥等の有機質資材による肥料の活用を行う必要があり、これは一農家での対応は困難であることから、地域での取組みが重要になります。有機質資材の肥料化においては原料となる資材をいかに効率的に集めるかが課題ですが、もみ殻くん炭のケースのライスセンターのように原料が出荷・調製の過程で自ずと集まってくるケースを除いて、小規模で分散処理を行う仕組みを検討する必要があるのかもしれません。

作業の面では、手作業に依存している割合を徹底的に減らすことが重要です。特に除草作業については、高能率水田用除草機を入れても20％程度は手取りで対応しているのが現状です。この手取り部分をいかにして減らしていくかを総合的に考える必要があります。米ぬか等の資材散布や雑草が繁茂しにくい作物の組合せなど総合的な対策（耕種的雑草防除）が重要であり、ここにデータ駆動型農業の考え方を組み込んでいく必要があります。地域の気象・土壌条件や作物の生育状況をデータの形で把握し、ロボット除草機などの能力が最大限に発揮できる環境を作り、かつ生物多様性にも留意した生産体系を構築できる、人の英知を集約したSociety5.0に適合した次世代型有機農業にスマート農業技術が様々な形で関与していくことを期待しています。

コラム⑪ 「みどりの食料システム戦略」とスマート農業

「みどりの食料システム戦略」は、2050年に目指すべき農業や社会のあり方からバックキャスト（未来の姿から逆算して現在の施策を思考）で目標を設定し、2030年や2040年に開発されているであろう技術が示されたものです。各種のスマート農業技術がその達成手段として期待されています。たとえば、有機農業の取組面積拡大に向けて、大きな障害となっているのは雑草対策、つまり除草作業です。

水稲ではすでに乗用型の高能率水田用除草機が開発されていますが、その除草精度や効率をより高めるために、栽培様式自体を変える取組みが構想されています。稲株が同じ間隔で格子状に配置されていれば、除草機を縦横に走らせることで除草漏れのない作業が可能になります。考え方自体は2000年頃からありましたが、それを実現できる田植機の開発が試作機段階にとどまっていました。それが、正確に位置合わせができる自動運転田植機の登場により、植付部の電動化と組み合わせることで実用化の目途が立っています。

化学農薬使用量の低減については、ドローンによるピンポイント防除が注目される技術として取り上げられますが、その効果は限定的です。目標では2050年にリスク換算値で50%低減とされていますが、このためにはリスク換算値が高く、使用量の多い土壌消毒のための農薬を減らすことが必須です。農薬に代わる対策技術としては、太陽熱土壌消毒や熱水土壌消毒などの物理的防除が提案され、一定の効果を上げています。

コラム図５　自動運転田植機

出典：農研機構プレスリリース、2017.6.16

太陽熱土壌消毒は、土壌に十分な水分を持たせて、地表面をフィルムで覆うことで、地温を病原菌が死滅する60℃近くまで太陽熱エネルギーだけで高めることで防除を行うものです。2～3週間の被覆で効果が得られますが、夏の暑い時期で天候に恵まれることが前提になります。熱水土壌消毒はその熱源をボイラーなどで加熱した熱水を土壌に注入することで実現していますが、燃料を多く使用することから適用場面は限定的です。

太陽熱土壌消毒と組み合わせて効果を上げているのが、生物的土壌消毒と呼ばれる技術です。カラシナなどを細断して土壌に混和することで、辛味成分のグルコシノレートが土中で加水分解すると、イソチオシアネートというガスが発生して土壌消毒効果を発揮するものです。細断しながら土壌へのすき込みも行える作業機が開発されています。

化学肥料使用量の低減については、それの代わりとなる有機質資材を原料とした有機肥料の活用が不可欠です。化学肥料に比べて有機肥料は肥効のばらつきが大きく、施肥設計が難しい一方で、土壌中の微生物が分解する過程で肥料成分が

コラム図 6　生物的土壌消毒での利用が期待される細断同時すき込みが可能な作業機

ゆっくりと発現することから、効果が長く続くことと土壌改良効果も期待されるとされています。

古くから油粕や魚粉は有機肥料として使用され、有機農業の除草用に散布される米ぬかは一定の施肥効果が得られるとされています。鶏糞は有機肥料の中では比較的安価で即効性があることで広く使われています。家畜糞については、牛糞や豚糞などの堆肥利用もありますが、一般に水分が多く副資材（敷料に使った稲わらやオガクズなど）も混ざっていることから、堆積と切り返しを適切に行うことで発酵促進と水分調整を行って堆肥化を行います。広域に流通させるためには、取り扱い性を良くするためペレット化と呼ばれる粒状に加工することも行われています。その際には堆肥では不足しがちな窒素を補う処理が行われる場合もあります。

堆肥をはじめとした有機肥料の施用効率を高めるためには、散布する肥料の量を場所により変えることのできる可変施肥機の他、畝内施肥機での利用なども進むとみられます。

6 スマート農業技術を導入してみたら

「スマート農業」の技術を導入することによって、どのような未来が描けるかを、いくつかの場面で想定してみました。導入する装置などのコストについては、スマート農業が広く普及し、機器や装置が量産化されることで価格が下がってくるなどの期待も含めています。ここでは、「スマート農業」導入の将来像を見ていただき、フィクションとして数値情報についてはあくまでも目安としてください。

6.1 中山間地域での集落営農で水田フル活用に挑む

農事組合法人Aは、一つの集落が所有する農業機械の共同利用から集落営農を始め、発足20周年を迎えました。「集落営農」は農業を集落ごとに組織的に行うことで、農業経営を効率化するものです。これまでも、「清流かけ流し」を売りにした米作りのほか、米粉を利用したパンなどの加工・販売に取り組んできた優良な集落営農法人のひとつです。一方で農業の担い手の高齢化が進むとともに、共同利用してきたコンバインなども老朽化で更新の必要が生じてきました。コンバインを更新する際に、思い切って収穫量と食味の良し悪しに影響する米のタンパク値を収穫しながら計測できる食味・収量コンバイン（図２－９収量コンバインによる水稲の収穫を参照）を導入することにしました。

食味・収量コンバインは、収穫時にグレンタンクに貯まったもみの重さを計測でき、どの田んぼで収穫したかはＧＮＳＳによる位置情報で即時にわかるという優れものです。合わせて水分量もわかるので、収穫後の乾燥にかかる時間の予測ができます。食味としては米粒の中のタンパク質の含量である「タンパク値」を計測していますが、この値が高すぎると炊飯時に米の吸水が悪くなり、ふっくらと炊き上がらないため食味が劣ります。今後は可変施肥田植機（図５－６土壌センサ搭載型可変施肥田植機を参照）も導入することから、タンパク値も参考にして窒素肥料のやり方を工夫したいと考えています。

集落内には２００枚を超える田んぼがあり水管理が大変でした。一部の田んぼには自動水管理システムを入れて、見回りの省力化を図りました。大豆や野菜栽培を行う田んぼには、排水を良くする暗渠管を入れるとともに、雨が少ないときには逆に水を供給して地下かんがいができる、地下水位制御システムＦＯＥＡＳ（フォアス）も導入しました。また、味噌に向いた大豆の品種の導入などにより、米以外にも強みを持つ地場の産物を増やすことができました。

春から夏にかけて、田んぼの周りの畦畔（田畑を区切るあぜのこと）や法面（盛土などによって人工的に作られる斜面）の草刈りは重労働です。これまでは、人手で刈払機を使って対応してきましたが、昨年は急な法面の草刈り中に足を滑らせ転倒してケガをする事故が発生しました。手を離すと刈刃の回転が止まる最新型の刈払機だったので、捻挫だけですみましたが、重傷事故につながることもあるので改善が必要と考えました。そこで、リモコン式草刈機を導入することにしました。傾斜40度までの法面

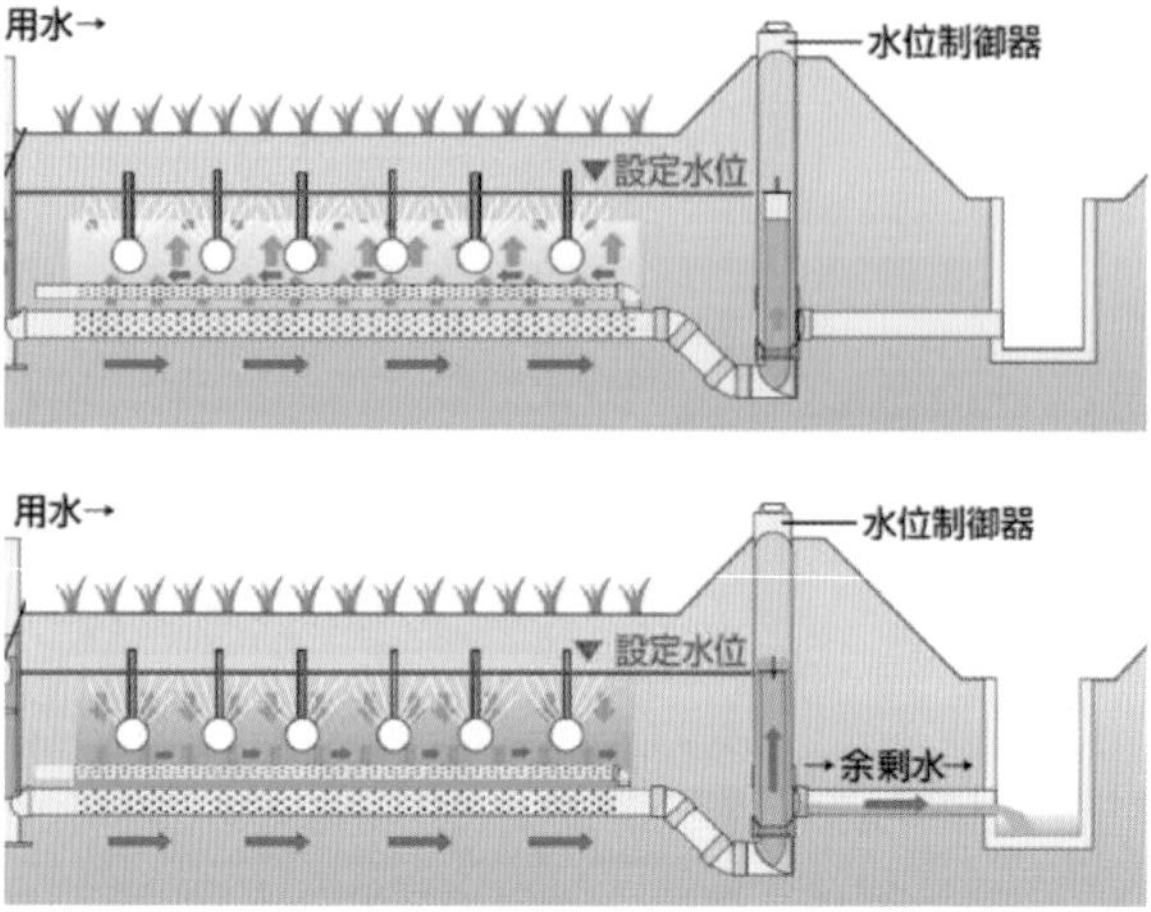

図 6-1　地下水位制御システム FOEAS の概要

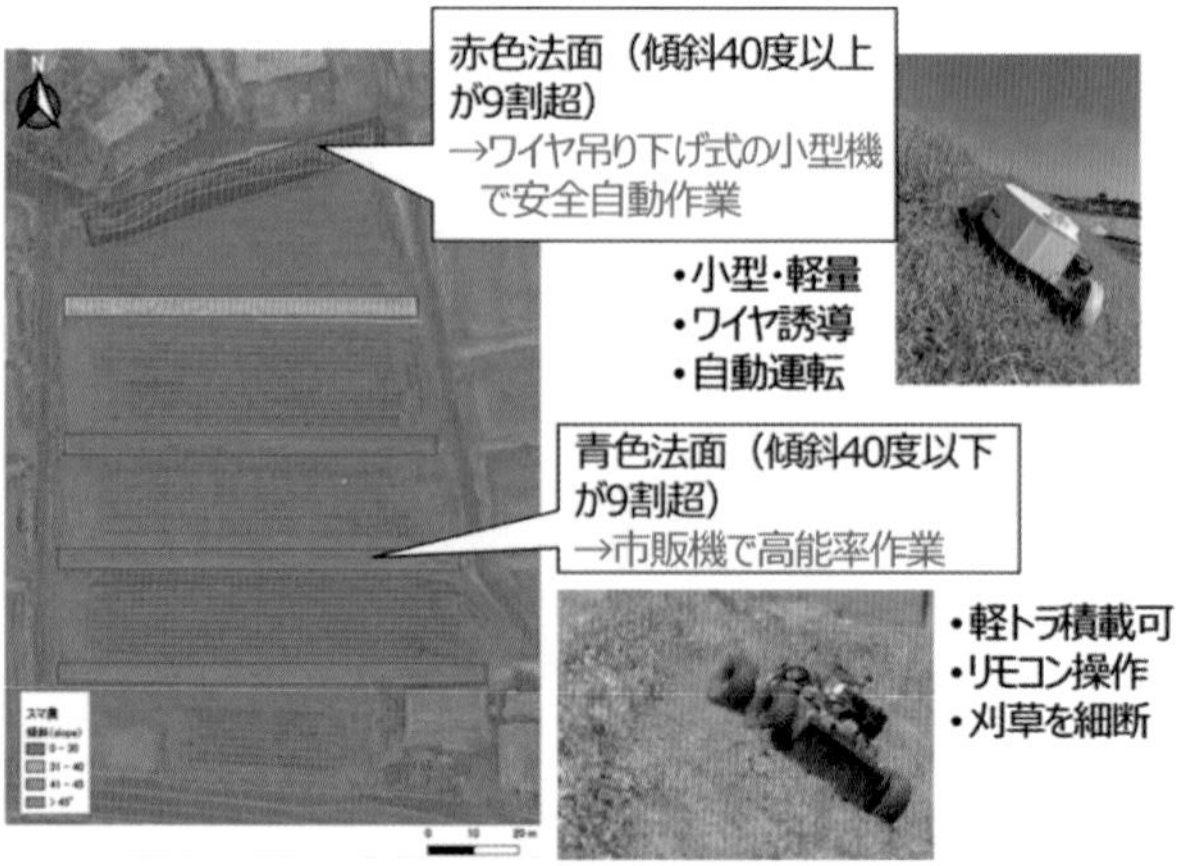

図 6-2　急傾斜でも使用可能な小型草刈りロボットと
リモコン式草刈機の使い分け

に使えるので、集落内の半分ぐらいの法面や畦畔の草刈りをこれまでの2倍の能率で安全に行えるようになりました。山の近くの急傾斜の法面には使えませんが、そのような場所でも使える小型の草刈りロボットの開発も進んでいると聞いています。

中山間地域での米作りは大変ですが、スマート農業技術の力を借りて地域の人や資源を活用した農業を維持したいところです。

6.2　大規模畑輪作で世界と勝負できる生産性に挑む

肥沃度の高い黒ボク土壌（火山灰を母材とする日本の代表的な畑土壌。有機物の集積により黒色を示し保水性や透水性に優れる土壌）が広がるB地域では、古くから麦、大豆、バレイショのほか、キャベツやタマネギなどの野菜作も組み合わせた大規模な輪作が行われてきました。同じ作物の作付けを続ける連作では収量が徐々に低下しますが、異なる作物を適切に組み合わせる輪作を行うことで土壌との相互作用で地力の維持や病虫害の回避が図られます。そのうち麦については、20年前から大型コンバインの共同利用で収穫しています。15年前からは、麦が成熟する頃合いの人工衛星画像を購入して、そこから算出した植生指数に基づいて畑ごとの麦の成熟が早いか遅れているかを地図上に示す（図1－9）ことができるようになりました。それまでは、コンバインを早い者勝ちで利用してきたため、未成熟で水分が高い状態の麦を刈ってしまい、それをそのまま乾燥機に入れて乾燥するため燃料費が多くかかっていました。収穫適期になった畑から刈り取るようになり、乾燥用の燃料を半分以下に減らすことができ

Photo：T. Satow

図 6-4　大型トラクタによる作業の例

ブームスプレーヤ、帯広畜産大学

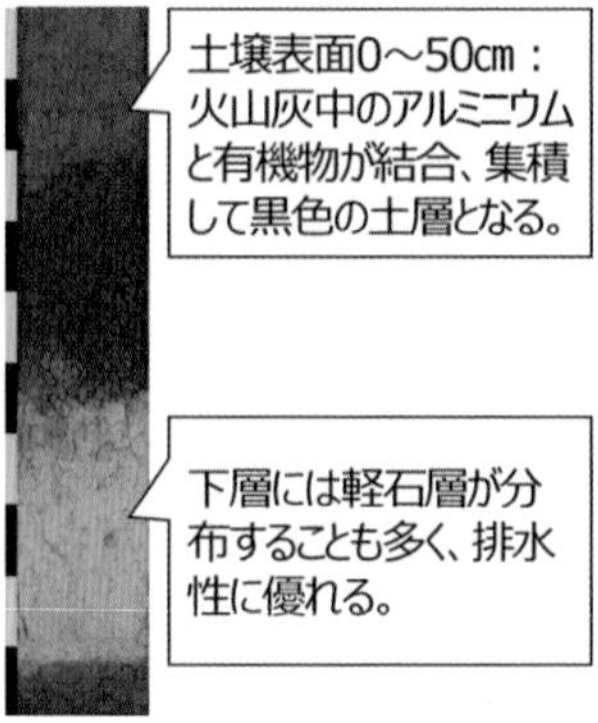
土壌表面0〜50cm：
火山灰中のアルミニウム
と有機物が結合、集積
して黒色の土層となる。
下層には軽石層が分
布することも多く、排水
性に優れる。

図 6-3　黒ボク土の土壌断面

出典：農研機構（農業環境研究部門）「日本土壌インベントリー」

るようになりました。最近では、ドローンによる空撮画像も活用して、天候不順でちょうどよい時期の衛星画像が得られない場合の対応ができるようになり、生育情報をより細かく把握することで追肥などの管理にも活用するようになりました。

その他、ドローンの空撮画像は、土壌の水分や病害の発生などの検知にも活用できることがわかってきました。畑の土性別の特徴はスマートフォンで簡単に入手できる土壌図の情報をもとに、土壌の色の違いでおおよその水分状態を把握することができます。

耕うん作業のほか、防除や収穫にも大型トラクタを使って作業していますが、地域の農業協同組合にGNSSの基地局が設置され、それを利用して高精度の自動直進機能が利用できるようになっています。トラクタに後付けでGNSSの受信機とその信号によりハンドル操作を行う装置が取り付けられます。

GNSSの利用では、作物の生育状態を把握するレーザー式生育センサと連動させて、さらには可変施肥機と組み合わせて、生育状態に応じて追肥量を変える取組みも行っています。これにより、肥料の量を10％ほど減らしても収量が5％ほど向上しました。

大規模な畑輪作を行うことで高収益を上げてきたことから、いち早くスマート農業技術を導入することで後継者も確保できました。今後は地域全体で生産計画の最適化を図ることで生産性を高めるとともに、輪作による地力の維持や環境保全効果の向上も図り持続的な農業を続けていきたいところです。

コラム⑫　自動直進技術に見るスマート農業展開の可能性

2021年12月にクボタ社の直進キープ機能付き田植機の販売台数が累計1万台に到達したとの報道がなされました。販売開始から5年ほどで到達し、現状では直進キープ機能付きが出荷台数の半分を占める状況となり、田植機に必要な機能として認知されたことがうかがえます。トラクタの自動操舵装置も順調に普及が進んでおり、2020年までの累計で1・4万台に達しているとされています。その約80％は北海道が占めていますが、近年はそれ以外の地域での導入も増えてきています。また、ハンドル操作自体は人が行うものの、作業経路をディスプレイに表示して作業支援を行うGNSSガイダンスは2020年までの累計で2・4万台とされ、その76％が北海道で利用されています。

トラクタによる作業のうち、播種は直進性が要求される作業の一つです。播種機自体の性能にもよりますが、まっすぐに種が播けないとその後の除草や防除などを機械で行う際に、位置合わせが難しくなり作業精度の低下や作業漏れの原因となります。それを防ぐため大きな区画の走行では、補助者が目標となる位置に立つなどして直進走行を誘導する対応を行っています。

自動操舵装置を導入して、まずは作業を行う方向に沿って走行基準線を決めれば、あとはそれに合わせて平行に作業が行えます。水田作複合経営においては、複数台のトラクタを使用して多品目への対応を行っていますが、それぞれに自動操舵装置を専用に取り付けるよりは、載せ替え利用した方が導入コストを抑えることができます。

高精度位置計測ができるReal Time Kinematic（ＲＴＫ）仕様のＧＮＳＳは、正確な緯度経度情報を確認した位置に設置した基準局と、移動体に取り付けたＧＮＳＳ受信機との位相差を比較・補正することで、誤差を数㎝に抑えることができます。農業用ロボットへの適用が検討され始めた20年ほど前は一式７００万円ほどを要し、近年は１００万円程度で導入できるようになりましたが、それでも複数セットの導入は負担が大きいことから、高精度が要求される一方で、年間のうち限られた時期に集中する作業に対して、自動操舵装置の載せ替え利用は有効といえます。

なお、水田においては田植えの前に耕うんや代かき作業を行いますが、特に仕上げ作業を行う際には重ね幅を広めに確保して作業漏れを減らすようにしています。自動操舵で重ね幅を10㎝程度まで狭めること

コラム図７　カメラ画像による自動操舵装置を後付けしたトラクタによる畝立て作業

出典：農研機構（農業機械研究部門）

ができるので、作業時間を6～13％削減できることを確認しています。GNSSによらない自動操舵システムも市販されており、三菱マヒンドラ農機社の自動操舵システムでは、単眼式のカメラ画像で専用の目標物に向かって直進する機能の他、前の行程時に地面につけたマーカー跡を追従走行する機能を有しています。同社の中小型トラクタ専用となりますが、導入コストは40万円程度に抑えられています。一方で同社ではGNSSタイプも60万円程度（基地局別）で提供していることから、北海道以外での自動操舵システムの普及拡大に貢献しているとみられます。

6.3　果樹生産で高品質果実の周年供給に挑む

C果樹園は「温州みかん」の生産に長年取り組んでいます。生産の多くを日照と水はけの良い急傾斜果樹園で行っていますが、半世紀前にモノレールを導入したことで、傾斜方向の運搬作業の省力化を実現しました。横方向の運搬は人手に依存していましたが、人が歩く程度の幅の作業道を歩行型の管理機で造成することで、小さな運搬車を入れられるようになり省力化が進みました。さらに30万円程度をかけて傾斜地適応性の高い電動一輪車の導入を検討しているところです。

最近では、土壌表面を多孔質マルチで覆って、養分や水分は点滴かん水チューブで適量を与える「マルドリ方式」が高品質生産技術として注目されています。高畝にして土壌の排水性を良くすることで、平坦地でもカンキツ類の高品質生産が可能なことがわかってきています。そうすれば、人が収穫作業で動き回るのに合わせて、自動的に追従してくる電動運搬車の導入も容易になるとみています。

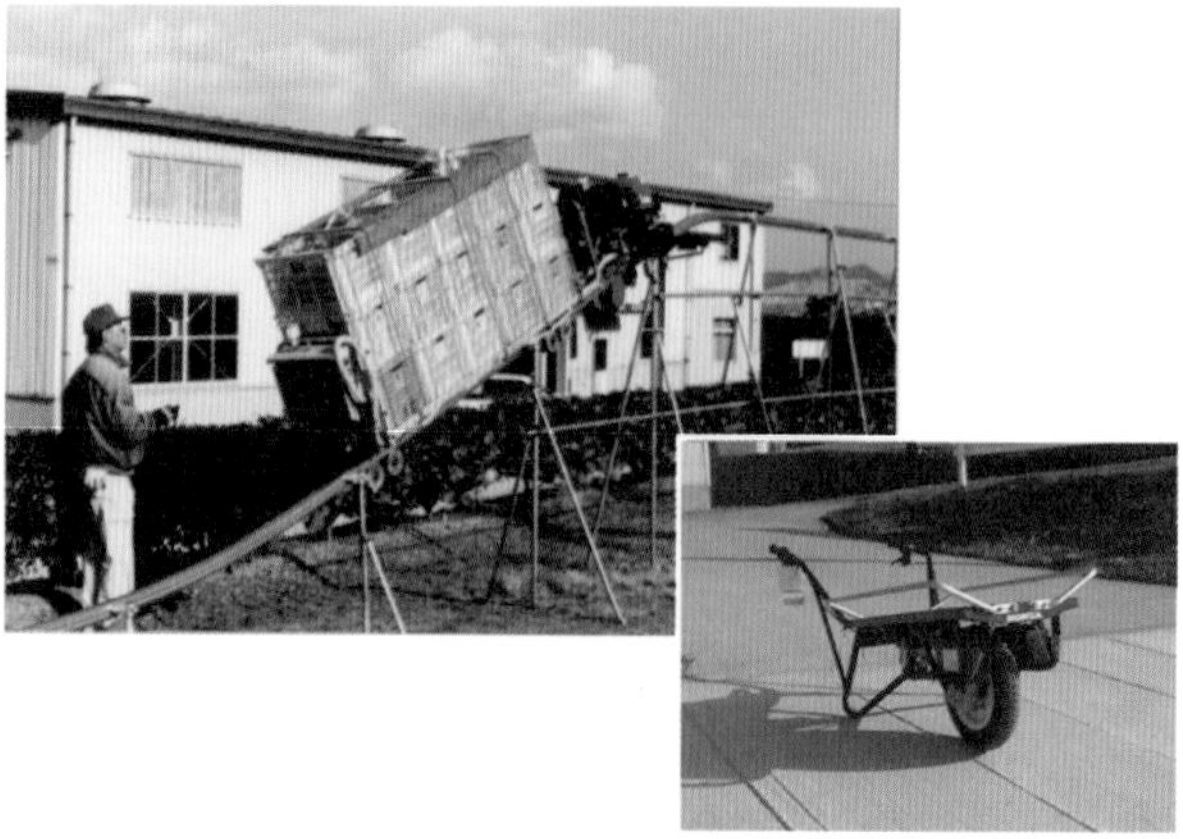

図 6-5　傾斜地果樹園の運搬手段
左：モノレール、右：電動一輪車

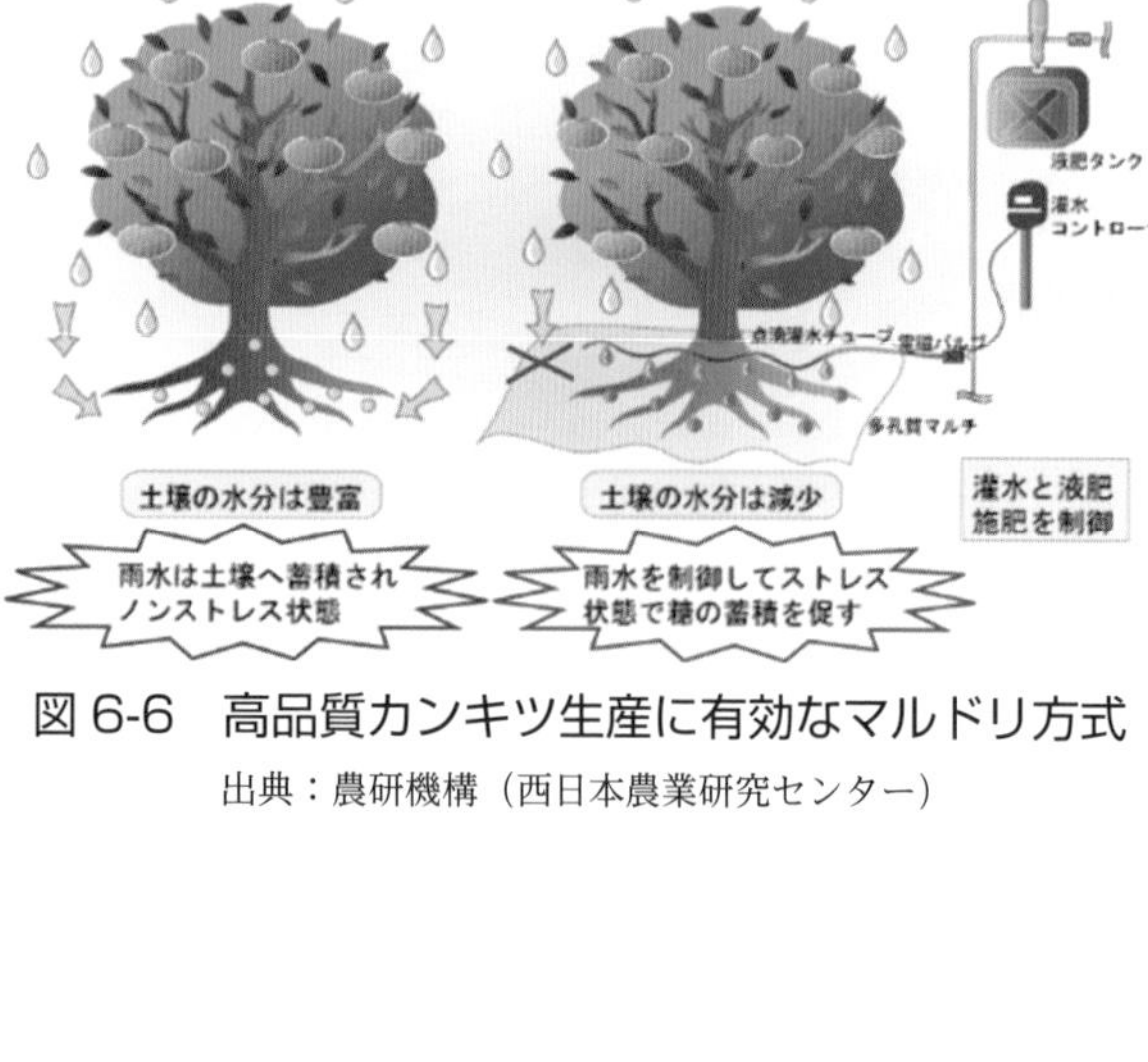

図 6-6　高品質カンキツ生産に有効なマルドリ方式
出典：農研機構（西日本農業研究センター）

急傾斜地なので、地上走行式のロボットの導入は難しいと考えていますが、ドローンで防除のための薬剤散布のほか、ロボットで収穫もできる技術開発が進んでいます。リンゴなどのようにもぎ取るものについては、海外で実用化されているようです。ハサミで果梗部を切り離して収穫するカンキツ類では難しいとされていますが、人が脚立に乗って作業をしなくてはならなかった高い位置の複数の果実について、枝ごとまとめて切り取るなどの使い方ができるかもしれません。

現在、日本の果樹は国内の需要が伸び悩んでおり、新たな設備投資は難しい状況ですが、ブドウのシャインマスカットのように高収益が得られる品目も少なくありません。スマート農業技術の導入をきっかけにして輸出なども視野に入れて産地の維持に取り組んでいきたいところです。

6.4　特長ある施設園芸で高収益生産に挑む

イチゴは、日本で高収益が期待される園芸作物の一つです。D農園では、これまで20ａのハウスで、夫婦2人とその母親にも手伝ってもらいながら、収量は全国平均を上回る10ｔ水準を確保してきました。ハウスは比較的街に近い立地で、収穫したイチゴは市場出荷のほか、街のケーキ屋さんにも提供しており、粒の小さいイチゴも廃棄することなく出荷しています。一方で、周辺の宅地化なども進んできたことから、ハウスの増設は厳しい環境にあり、この20ａのハウスでいかに収益を向上させるかが課題でした。

まずは、限られた面積でイチゴの収量を向上させる技術を導入することにしました。既に10年ほど前に管理や収穫作業を楽にするため、土耕栽培から高設栽培に切り替えています。ベッドを収穫が行いや

図 6-7　イチゴの高設栽培装置と炭酸ガス施用機の導入

すい高さにすることで、能率アップも図ることができました。これには、500万円ほどのコストがかかりましたが、2年ほどで償却することができました。ただ、土耕栽培の頃に比べて、イチゴの果実が総じて小さくなったとの指摘を受けることもあり、収量は伸び悩んでいました。そこで、光合成を促進する「炭酸ガス施用機」を導入し、さらに炭酸ガスをイチゴ株の近くに局所施用できるよう細いダクトを配置する技術を組み合わせることで、収量を2割ほどアップさせることができました。これらの追加投資は100万円ほどで対応できました。

高齢の母親の手伝いが厳しくなってきたことで、収穫とパック詰め作業が大きな負担になってきました。そこで、半分の面積に「循環式高設栽培装置」を導入することにしました。ハウス自体は改造する必要がなく、20aのハウスに2台の定置型の収穫ロボットを導入し、そこにイチゴが植えられたベッドが循環してくることで、適熟イチゴだけを収穫する仕組みです。かつては1台2000万円ほどもした収穫ロボットは、AIカメラの低コスト化や汎用モジュールの活用によって現在では1000万円ほどで導入できるようになり、一連のシステム導入を5000万円程度に抑えることができました。一方、パック詰めは、これまでの3段で果実を選りながら手詰めで行っていたものを、1段パックの割合を増やしました。収穫ロボットの設定で手詰め時の個数設定を入れれば、それに合わせた大きさの果実だけをそろえて収穫することができるのもパック詰め自体が楽になった一因です。

図 6-8　イチゴでのうどんこ病（左）、炭疽病（右）
出典：農研機構（農業環境研究部門）「病害虫被害画像データベース」

設定以外の大きさの果実は、そのまま平詰めコンテナに並べて入れられて、ケーキ屋さんにそのまま引き取ってもらいます。最近では、大玉だけをコンテナに入れたものをスーパーの店頭にそのまま置いてもらえるようにもなりました。これにより、出荷・調製の手間を大きく減らすことができました。

今後は、できるだけ化学農薬に依存しない生産にも挑戦しようと考えています。イチゴの病害としては、うどんこ病や炭疽病がありますが、これらをUV－B（波長が320～280㎚の長中波紫外線。皮膚に照射されるとビタミンDの生成を助ける一方でシミの原因とされる。植物に対しては病害の抑制効果が確認されている）の光を定期的に照射することで抑制する方法で、光源としてLEDの省エネタイプも使われるようになっています。一部の害虫に対する抵抗性を誘導するとの研究成果も出てきており、農薬と効果が変わらないのであれば、コスト面を精査して導入を検討したい技術です。

日本の施設園芸は作業の機械化は遅れていましたが、生育や収量を予測する技術が進歩しました。需要に合わせて高品質な野菜や果実を安定的に出荷できるようにしたいところです。

【用語解説】

人工知能（AI）

人工知能、Artificial Intelligence の略称であるＡＩ（エーアイ）は、この10年ほどで一般社会の中で定着した用語になりました。人間の脳が行っている、言語の理解、論理的な推論、経験学習といった作業を、コンピュータで模倣するソフトウェアやシステムの総称です。ＡＩの研究は１９５０年代からブームと冬の時代が交互に繰り返され、現在は第３次ブームとされています。

第1次ブームは、１９５０年代後半～１９６０年代に、コンピュータによる「推論」や「探索」が可能となり、特定の問題に対して解を提示できるようになったことがブームの要因とされています。この時点で、ニューラルネットワークや遺伝的アルゴリズムの概念は形成されました。第2次ブームの１９８０年代には、専門分野の知識を取り込んだ上で推論することで、その分野の専門家のように振る舞うプログラムで構成される、多数のエキスパートシステムが生み出されましたが、人がコンピュータに理解できるよう入力情報を用意する必要があり、特定の領域の情報に限定した処理しかできませんでした。

なお、１９９０年代には農業機械の自律走行に関して、ニューラルネットワークを利用した最適経路生成・制御に関する研究が行われ、今日のロボットトラクタなどに活かされています。走行することにより変形する地面との関係を表現するため、あいまいさを数値化するファジィ理論と組み合わせたファジィ・ニューラルネットワークの適用も行われています。ただし、研究段階の利用にとどまっていたといえます。

第３次ブームは、入力情報をビッグデータと呼ばれる大量のデータから機械的に用意してＡＩ自身が知識を獲得する「機械学習」や、対象を認識する際に注目すべき特徴は何かを定量的に表す特徴量をＡＩが自ら習得する「深層学習（ディープラーニング）」が登場したことによりますが、これは計算資源を大量に要する解析がパソコンレベルで用意できるようになったことも一因です。画像ベースのディープラーニングを行う際には、より高速な画像処理プロセッサが必要です。

最近では、ＣｈａｔＧＰＴなどの生成ＡＩと称されるものが話題になっています。ウェブ上にある膨大な情報をもとにした学習結果を使用することで、成功事例を確実に示しつつあることから、情報漏えいなどのリスクの低減を図ることで利活用が進むとみられます。

スマートフードチェーン（ＳＦＣ）

スマートフードチェーン（ＳＦＣ）は、生産、加工、流通、外食産業や消費者間の情報連携をスマート化して、国内・海外市場のニーズや、消費者の購買意識等を商品開発や技術開発にフィードバックするシステム、とされています。

今後のスマート農業の展開においては、生産段階だけではなくフードチェーン全体での取組みが重要とされています。特に、国連が定める持続可能な開発目標であるＳＤＧｓが国際的に注目され、国内では「みどりの食料システム戦略」が掲げられる状況においては、生産を行うための資材調達から、生産物の加工・流通、消費段階までを見通したスマート化が必要になります。

スマート化はデータ駆動型ともいえますが、ものさしの一つとしてどれだけ環境負荷を与えているかという観点が今後重要になります。例えば、流通段階において、位置や温度の情報をデータとして記録・管理する取組みが進んできています。エネルギー消費などを数値化して、それらによる環境負荷を最小化する取組みに進めていくことが一つの解になると思われます。

一方で、ＳＦＣは農産物の輸出関係でも使われる用語です。これは、日本の農産物の強みを活かして、その特性を損なわないように海外の消費者に届ける手段として語られることが多く、消費者ニーズの把握や消費拡大に関する取組みまで含めたものとなっています。どちらかといえば、フードチェーンの川下にあたる消費中心の考え方ともいえます。また、手元に届いた農産物に関するトレーサビリティ（追跡可能性）の確保も重要とされています。

データ駆動型の観点では、単にペーパーレス化をすればＳＦＣが構築できたということではなく、その情報の信頼性を確保しながら、取得するための労力をいかに最小化するかということが重要です。現状ではまだまだその点で課題が多いとみられます。また、農業において実施すべき手法・手順などをまとめた規範と、適正に運用されていることを審査・認証する仕組みであるＧＡＰ（Good Agricultural Practice、適正農業規範、または農業生産工程管理）における活用も期待されますが、生産者にとっては対応するための負担がまだまだ大きいことなど課題は残されています。

ＩＣＴとＩｏＴ

ＩＣＴは、Information and Communication Technology の略称です。ＩＴ（Information Technology）が情報社会を代表する言葉であり、１９９０年代以降のＰＣやインターネットの普及でＩＴ革命と称される社会の変化を体現しています。２０００年代以降、高速通信やスマートフォンの普及により双方向の情報伝達が進んで、情報・知識の共有が図られるようになってＩＣＴという言葉が定着し、スマート農業関係ではＩＣＴの活用で語られる場面が増えてきています。行政的な用語としても国の情報技術分野の指針である「ＩＴ政策大綱」が２００４年に「ＩＣＴ政策大綱」に改められた頃から、ＩＣＴがデジタル時代の情報伝達を示す用語として定着した感があります。

一方で、ＩｏＴ（Internet of Things、モノのインターネット）は、パソコンやスマートフォンなどが従来からインターネットにつながり動作してきたものとは別に、自動車や家電製品など様々なモノがインターネットを介してつながる技術です。身近なところでは、腕につけていることで心拍数や活動量を計測できるスマートウォッチが代表格になりますが、通信機能を使ってサーバーやスマートフォンに計測データを送るだけではなく、クラウドベースの音声サービスと接続できるものもあります。スマート農業関係で普及しているものとしては、水田の水温や水位を測定するＩｏＴセンサがあります。

スマート農業においては、ＩＣＴにおける5G通信の活用なども期待されているところですが、ＩｏＴに相当するセンシング部分が他産業で利用されているものに比べて種類や性能面で劣ることから、まだ十分に活用されているとはいえない状況です。

ＡＰＩ（Application Programming Interface）とＷＡＧＲＩ

ＡＰＩは、ソフトウェアコンポーネントが互いにやりとりするためにに使用するインタフェースの仕様になります。農研機構が運営母体となっている農業情報連携基盤であるＷＡＧＲＩにおけるＡＰＩ活用を例に解説すると、民間企業、団体、官公庁等から提供された気象や土地、地図情報等に関する様々なデータを、ＡＰＩを利用して参照、更新できるようになっています。基本的に生産者がＩＣＴベンダー等からのサービスを利用する際にはＡＰＩを意識して使うことはありませんが、農業に関する様々なWAGRI上に統合されたデータを利用するためには不可欠です。形式がバラバラのデータにアクセスして利用するための出入口がAPIであるともいえます。

例えば気象APIは、気象庁や民間の気象関連企業から提供された、天気・雨量等の過去データや予測データ等にアクセスするAPIです。土壌APIは農研機構を中心にこれまで収集してきた土壌に関するデータを提供するAPIです。農地APIや地図APIは民間企業や、ほ場のデータを保有する公共機関の他、全国のほ場の形状をデータ化した「筆ポリゴン」は農林水産省からデータが提供されます。今後拡充が期待されるのが、作物の生育予測に関するAPIであり、現状では施設園芸作物や水稲などの一部にとどまっていますが、畑作物や露地野菜の実装が徐々に進んでいます。

【索　引】

【数字・英字】

【あ行】

【か行】

【索　引】

執筆者紹介

長﨑裕司（ながさき　ゆうじ）
農林水産省 農林水産技術会議事務局 研究調整官
1965年、鹿児島県加世田市（現在の南さつま市）生まれ。九州大学農学部農業工学科卒業。農学博士。1988年、農林水産省に入省、四国農業試験場に配属。その後の農研機構も含めて一貫して中山間農業に係る農業機械・農作業システム・施設園芸に関する研究開発に従事。その他、農林水産技術会議事務局において企画調整業務にも対応。直近の5年間には農研機構本部業務の中でスマート農業関連研究のほか、農業・食品産業におけるSociety5.0実現につながる企画戦略立案などに取り組む。日本農業工学会フェロー（2021年）。

編著者紹介

国立研究開発法人　農業・食品産業技術総合研究機構

国立研究開発法人 農業・食品産業技術総合研究機構（農研機構）は、我が国の農業と食品産業の発展のため、基礎から応用・実用化まで幅広い分野で研究開発を行う国内最大の農業研究機関です。1893 年（明治 26 年）に設立された農商務省農事試験場を起源とし、農林水産省の試験研究機関の時代、2001 年（平成 13 年）の独立行政法人化を経て、2016 年（平成 28 年）に現在の農研機構の形となりました。

社会・経済情勢が急激に変化する中、農業を強い産業にするため、① 農産物・食品の国内安定供給と自給率向上に貢献する、② 農業・食品産業のグローバル競争力を強化し、我が国の経済成長に貢献する、③ 地球温暖化や自然災害への対応力を強化し、農業の生産性向上と地球環境保護を両立する、を目標と定め、農業・食品分野で科学技術イノベーションの創出をすすめています。

（同機構 HP より）

スマート農業《のうぎょう》

定価はカバーに表示してあります。

2023 年 12 月 8 日　初版発行

編著者　国立研究開発法人《こくりつけんきゅうかいはつほうじん》　農業《のうぎょう》・食品産業技術総合研究機構《しょくひんさんぎょうぎじゅつそうごうけんきゅうきこう》
発行者　小 川 啓 人
印　刷　株式会社 丸井工文社
製　本　東京美術紙工協業組合

発行所 株式会社 成山堂書店
〒160-0012　東京都新宿区南元町 4 番 51　成山堂ビル
TEL：03(3357)5861　FAX：03(3357)5867
URL：https://www.seizando.co.jp

落丁・乱丁本はお取り換えいたしますので、小社営業チーム宛にお送りください。

©2023 National Agriculture and Food Research Organization

Printed in Japan　ISBN978-4-425-98561-6